Die Bestimmung der Querschnitte von Staumauern und Wehren aus dreieckigen Grundformen

Von

E. Link
Regierungsbaumeister a. D.
Oberbauleiter der Möhne- und Listertalsperre

Mit 33 Abbildungen

Springer-Verlag Berlin Heidelberg GmbH 1910

ISBN 978-3-662-38613-2 ISBN 978-3-662-39469-4 (eBook)
DOI 10.1007/978-3-662-39469-4

Vorwort.

Die statischen und Spannungseigenschaften der Staumauern sind in den letzten Jahren von den Ingenieuren verschiedener Länder eifrig und mit Erfolg erforscht worden. Als Ergebnis der einzelnen Untersuchungen kann man die Forderung bezeichnen, daß nachstehende angreifenden und widerstehenden Kräfte mehr als bisher berücksichtigt werden:

Der Auftrieb (oder richtiger Unterdruck) des in offene Fugen des Mauerwerks eintretenden Druckwassers,

die Schubspannungen der wagerechten und lotrechten Ebenen des Mauerwerks,

die Normalspannungen in den lotrechten Ebenen, deren Ermittelung im allgemeinen auch die Bestimmung der Drucklinie der lotrechten Ebenen erfordert; endlich

die Hauptspannungen.

So dankenswert es ist, daß unsere Kenntnis von den Eigenschaften der Staumauern erweitert und neue Gesichtspunkte für die Beurteilung der Standfestigkeit dieser wichtigen Bauwerke gegeben worden sind, so kann doch nicht verkannt werden, daß die Berücksichtigung dieser Forderungen die Berechnung eines allen Ansprüchen genügenden Mauerquerschnittes sehr erschwert. Dabei galt diese Aufgabe schon bisher als mühsam, als man sich noch begnügte, die Querschnitte so auszubilden, daß sie in den wagerechten Ebenen einerseits keine Zugspannungen, anderseits keine zu großen Druckspannungen erfuhren.

Verfasser hat sich daher bemüht, die Berechnung der Staumauern unter Berücksichtigung der oben angegebenen Forderungen mehr als bisher von dem üblichen empirischen Verfahren unabhängig zu machen, nach dem man einen Querschnitt annahm, untersuchte und so lange abänderte, bis er den geforderten Bedingungen entsprach. Die Aufgabe, mit möglichst wenig Aufwand an rechnerischer Arbeit einen Querschnitt von bestimmten Eigenschaften zu zeichnen, wird wesentlich erleichtert, wenn man auf die Grundform der Staumauer, das Dreieck, zurückgreift. Auch dann, wenn man das empirische Verfahren beibehalten will, kann die Kenntnis der dreieckigen Grundformen der Staumauern und ihrer statischen und Spannungsverhältnisse nicht entbehrt werden, wenn man ein sicheres Urteil über die in jedem einzelnen Fall zweckmäßigste Querschnittsgestalt des Absperrungsbauwerkes gewinnen will.

Die nachstehenden Untersuchungen beziehen sich im wesentlichen auf die Querschnitte hoher Staumauern, der sog. Talsperren. Die Untersuchungen in den Abschnitten 3 und 20 über die aufgelöste Bauweise sind auch für den Bau niedriger Stauwerke, der Wehre, von Interesse, da sie die Möglichkeit einer erheblichen Materialersparnis gegenüber der massiven Ausführung nachweisen.

Inhaltsverzeichnis.

Bezeichnungen.

(Mit Angabe der Abbildung oder Seite, in der sie zum ersten Male erscheinen.)

A Gegendruck der Gründungsfläche (Abb. 26).
A_e Auflast der Erdhinterfüllung (Abb. 15).
a_e Hebelarm von A_e (Abb. 15).
A_w Auflast des Wassers (Abb. 1).
a_w Hebelarm von A_w (Abb. 1).
b Breite der Sohle des Staumauerdreiecks (Abb. 1).
b_1 Breite der Krone der Staumauer (Abb. 7).
c Abstand des Schnittpunkts der Resultierenden mit einer wagerechten Fuge von der Fugenmitte (Abb. 1).
E Erddruck (Abb. 15).
e Hebelarm von E (Abb. 15).
G Gewicht des Mauerwerks (Abb. 1).
g Hebelarm von G (Abb. 1).
ΣH Summe der wagerechten Kräfte (Seite 44).
h Höhe des Staumauerdreiecks (Abb. 4).
h_1 Höhe des Dreiecks der Mauerbekrönung (Abb. 7).
ΣM Summe der Momente (Seite 9).
m Bruchteil der Fugenfläche der Staumauer, der von Unterdruck betroffen wird (m zwischen 0 und 1, Seite 32).
n Maß für die Neigung der Wasserseite der Staumauer; $n \cdot b$ ist die Projektion der Wasserseite auf die Wagerechte (Abb. 4).
R Resultierende der auf die Mauer wirkenden Kräfte (Abb. 1).
R_1 lotrechte Seitenkraft der Resultierenden (Abb. 1).
r_1 Hebelarm von R_1 (Abb. 1).
S Schubkraft (Abb. 26).
U Unterdruck (Abb. 19).
u Hebelarm von U (Abb. 19).
ΣV Summe der lotrechten Kräfte (Seite 9).
W Wasserdruck (Abb. 1).
w Hebelarm des Wasserdrucks (Abb. 1).
γ Raumgewicht des Mauerwerks (Seite 7).
γ_e Raumgewicht der Erdhinterfüllung (Seite 23).
μ Koeffizient des Erddrucks (Seite 23).
σ_m mittlere Druckspannung (Abb. 3).
σ_x lotrechte Druckspannung der wagerechten Ebenen (Abb. 2); σ_x' an der Luftseite, σ_x'' an der Wasserseite.
σ_y lotrechte Druckspannung der lotrechten Ebenen (Abb. 24).
σ Hauptdruckspannung (Abb. 29).
τ_m mittlere Schubspannung (Seite 41).
τ_x Schubspannung der wagerechten Ebenen (Abb. 24); τ_x' an der Luftseite, τ_x'' an der Wasserseite.
τ_y Schubspannung der lotrechten Ebenen (Abb. 24).
τ Hauptschubspannung (Seite 48).
φ Winkel zwischen der Luftseite der Staumauer und der Wagerechten (Abb. 5).
ψ „ „ „ Wasserseite „ „ „ „ „ (Abb. 24).

1. Allgemeines.

Die Grundform einer Staumauer ist ein Dreieck, dessen Spitze in der Höhe des Wasserspiegels liegt.

Dieser Satz ist für einen Sonderfall schon lange bekannt, nämlich für die Staumauer mit lotrechter wasserseitiger Begrenzung, die unter der Einwirkung des Eigengewichts und des Wasserdrucks keine Zugspannungen erfahren soll. Bezeichnet γ das Raumgewicht des Mauerwerks, 1 das Raumgewicht des Wassers (wie stets im folgenden), so findet man bekanntlich die erforderliche Breite b der zugspannungsfreien Mauer von der Höhe h mit lotrechter Wasserseite aus der Beziehung $b = \frac{h}{\sqrt{\gamma}}$.

Es läßt sich aber nachweisen, daß nicht nur für diesen Sonderfall, sondern allgemein für alle praktisch in Betracht kommenden Annahmen über die angreifenden Kräfte und die Grenzen der Spannungen einer Staumauer ein Dreieck bestimmt werden kann, das die gestellten Bedingungen genau erfüllt, also als die Grundform der Staumauer mit den geforderten Eigenschaften anzusehen ist. Wenn es gelingt, die beiden Unbekannten eines solchen „Grunddreiecks der Staumauer", die Sohlenbreite und die Neigung der Wasserseite, unmittelbar zu berechnen, ferner auf einfache Weise den gefundenen Dreieckquerschnitt in ein brauchbares Profil umzuändern, so ist damit die Aufgabe der Berechnung einer Sperrmauer gelöst oder doch mindestens sehr vereinfacht.

Es sollen daher im folgenden die dreieckigen Grundformen von Staumauern ermittelt werden, welche die verschiedenen in der Praxis an ihren statischen und Spannungszustand zu stellenden Forderungen erfüllen, weiter soll gezeigt werden, wie ein Grunddreieck in einen brauchbaren Mauerquerschnitt von annähernd gleichen Eigenschaften umgewandelt werden kann.

Mit Ausnahme einiger Maximum- und Minimumbestimmungen ist die angewandte Rechnungsweise elementar und stützt sich ausschließlich auf die allgemeinen Gleichgewichtbedingungen. Diese lauten bekanntlich:

Ein Körper ist im Gleichgewicht, wenn:

$\Sigma V = 0$, d. h. die Summe aller lotrechten auf den Körper einwirkenden Kräfte $= 0$ ist,

$\Sigma H = 0$, d. h. die Summe aller wagerechten auf den Körper einwirkenden Kräfte $= 0$ ist,

$\Sigma M = 0$, d. h. die Summe aller auf den Körper einwirkenden Drehmomente für einen beliebigen Drehpunkt $= 0$ ist.

---

2. Drucklinie und Normalspannungen der wagerechten Ebenen.

Der Schnittpunkt der Schlußkraft der angreifenden Kräfte mit einer wagerechten Ebene wird aus der Bedingung ermittelt, daß die Summe der Momente der angreifenden und widerstehenden Kräfte für irgend einen Drehpunkt, etwa die Mauervorderkante, gleich 0 sein muß.

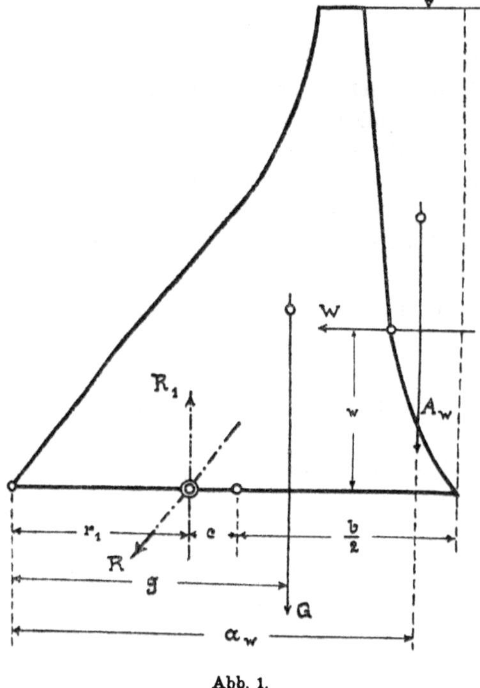

Abb. 1.

Nach Abb. 1 ist:

$$R_1 \cdot r_1 = G \cdot g + A_w \cdot a_w - W \cdot w$$

Hierin bedeutet R_1 die lotrechte Seitenkraft der Resultierenden R, G das Gewicht der Mauer, A_w die Auflast des Wassers, W den Wasserdruck.

$$R_1 = G + A_w$$

$$r_1 = \frac{G \cdot g + A_w \cdot a_w - W \cdot w}{G + A_w}$$

$$\boxed{r_1 = \frac{\Sigma M}{\Sigma V}} \qquad 1)$$

Die Normalspannungen σ_x der wagerechten Ebenen berechnet man aus der Bedingung des Gleichgewichts der angreifenden und widerstehenden lotrechten Kräfte. Das Gleichgewicht der lotrechten Kräfte erfordert, daß der Schwerpunkt der Druckfigur lotrecht unter dem Angriffspunkt der Schlußkraft R liegt. Diese Bedingung wird durch eine trapezförmige Verteilung der Normalspannungen erfüllt und würde ferner durch die in Abb. 2 angedeutete Verteilung erfüllt werden, der die Annahme zugrunde liegt, daß die am stärksten beanspruchten Teile der Mauer sich auf Kosten der geringer beanspruchten zu entlasten suchen. Nach M. Lévy*) ist die Voraussetzung einer trapezförmigen Verteilung, die sog. Trapezregel, für den dreieckförmigen Mauerkörper genau richtig, da sie den Grundsätzen der mathematischen Elastizitätslehre entspricht, dagegen nicht für Mauern von trapezförmigem Querschnitt und noch weniger für solche mit gekrümmten Außenflächen. In dieser Zulässigkeit der üblichen Voraussetzung einer trapezförmigen Druckverteilung liegt ein weiterer Anlaß, das Dreieck als grundlegenden Querschnitt der Staumauern zu bevorzugen und das endgültige Profil nicht allzusehr von der Dreieckform abweichen zu lassen. Allgemein folgt aus Abb. 2, daß die Annahme der Verteilung der Druckspannungen nach einem Trapez die größeren Werte für die Kantenpressungen ergibt; dasselbe wird sich später für die Schubspannungen ergeben. Wir werden daher für alle Querschnittsformen, nicht nur für die dreieckigen, eine trapezförmige Verteilung der lotrechten Druckspannungen σ_x voraussetzen.

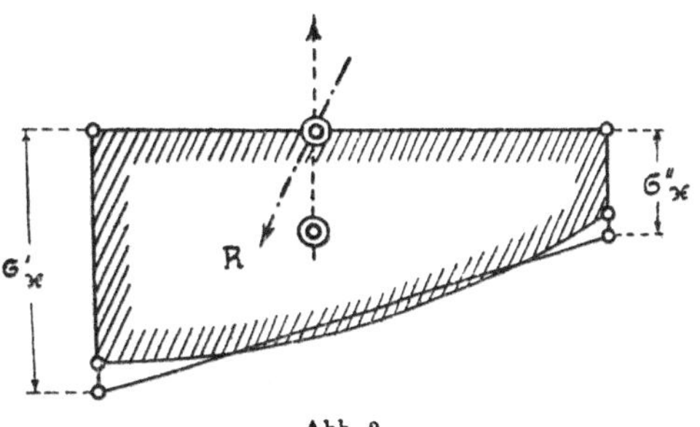

Abb. 2.

*) M. Lévy: Note sur les diverses manières d'appliquer la règle du trapèze au calcul de la stabilité des barrages en maconnerie. Annales des ponts et chaussées 1897, 4. trimestre, S. 19.

Unter dieser Annahme ist nach Abb. 3 für eine Mauer von der Länge 1:

$$\frac{R_1}{b} = \sigma_m = \frac{\sigma_x' + \sigma_x''}{2}$$

$$\frac{b}{2} + c = \frac{b}{3} \cdot \frac{\sigma_x'' + 2\sigma_x'}{\sigma_x'' + \sigma_x'}$$ (Nach der Gleichung für den Schwerpunkt des Trapezes)

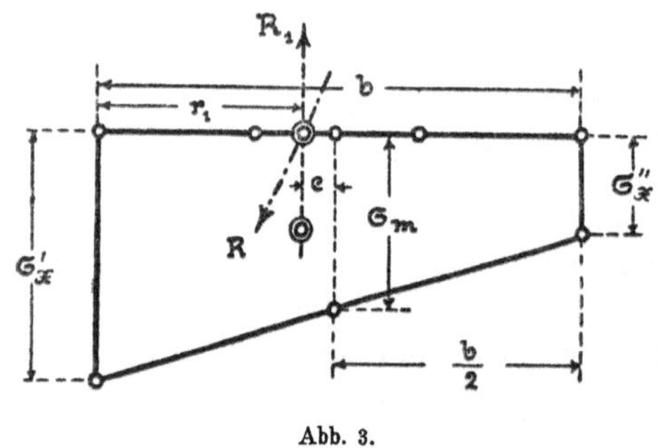

Abb. 3.

Daraus wird:

$$\sigma_x'' = 2\sigma_m - \sigma_x'$$

$$b + 2c = \frac{b}{3} \cdot \frac{2\sigma_m + \sigma_x'}{\sigma_m}$$

$$\sigma_x' = \sigma_m \cdot \frac{b + 6c}{b} \qquad 2)$$

$$\sigma_x'' = \sigma_m \cdot \frac{b - 6c}{b} \qquad 3)$$

Nach Abb. 3 ist ferner:

$$c = \frac{b}{2} - r_1 = \frac{b}{2} - \frac{\Sigma M}{\Sigma V} \qquad 4)$$

Öfters wird auf die Biegungslehre zur Bestimmung der Normalspannungen der wagerechten Ebenen zurückgegriffen, was aber weit umständlicher und deshalb nicht zu empfehlen ist.

---

3. Grunddreieck ohne Zugspannungen mit Wasserdruck.

Es herrscht Übereinstimmung in der Anschauung, daß eine Staumauer mindestens so stark bemessen werden muß, daß sie unter der Einwirkung des Wasserdrucks keine Zugspannungen erfährt, da sonst die Gefahr vorliegt, daß sich die Fugen an der Wasserseite öffnen und Druckwasser in die Mauer eindringt, wodurch die statischen Verhältnisse des Bauwerks völlig verändert würden.

Soll $\sigma_x'' = 0$ sein, so ist nach 3) $b = 6c$, $c = \frac{b}{6}$, und nach 4) $r_1 = \frac{b}{2} - c = \frac{b}{3}$; es ist dies das bekannte Gesetz, daß die Resultierende im inneren Drittel, dem Kern des Querschnitts, verlaufen muß.

Wir gehen von einem Dreieck von der unendlich kleinen Höhe dh und der Breite db aus, dessen Spitze in Höhe des Wasserspiegels liegt und dessen Wasserseite um das Maß $n \cdot db$ geneigt ist (Abb. 4).

Man erhält als Bedingungsgleichung für die Forderung, daß die Resultierende die Fundamentfuge im Abstande $^1/_3$ d b von der Mauervorderkante schneiden soll:

$$r_1 = \frac{d\,b}{3} = \frac{\Sigma M}{\Sigma V} = \frac{G \cdot g + A_w \cdot a_w - W \cdot w}{G + A_w}$$

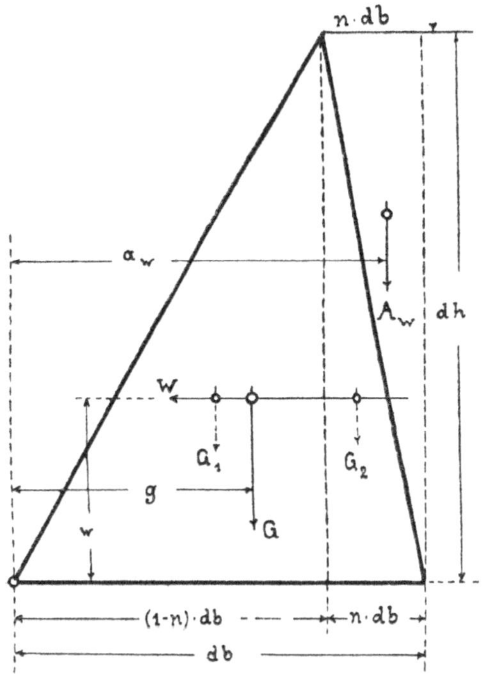

Abb. 4.

Für endliche Werte von b und h ist bei einer Mauer von der Länge 1 in bezug auf die Vorderkante als Drehpunkt:

$$G \cdot g = G_1 \cdot g_1 + G_2 \cdot g_2$$

$$G = \frac{\gamma \cdot b \cdot h}{2}$$

$$\frac{\gamma \cdot b \cdot h}{2} \cdot g = \frac{\gamma \cdot (1-n) \cdot b \cdot h}{2} \cdot {}^2/_3 \cdot (1-n) \cdot b + \frac{\gamma \cdot n \cdot b \cdot h}{2} \cdot \left[(1-n) \cdot b + \frac{n \cdot b}{3}\right]$$

$$g = \frac{b \cdot (2-n)}{3}$$

$$G \cdot g = \frac{\gamma \cdot b^2 \cdot h \cdot (2-n)}{6}$$

$$A_w = \frac{n \cdot b \cdot h}{2},\ a_w = \frac{b \cdot (3 - n)}{3}$$

$$A_w \cdot a_w = \frac{n \cdot b^2 \cdot h \cdot (3 - n)}{6}$$

$$W = \frac{h^2}{2},\ w = \frac{h}{3}$$

$$W \cdot w = \frac{h^3}{6}$$

Setzt man diese Werte ein, so ergibt sich:

$$db = \frac{dh}{\sqrt{\gamma \cdot (1 - n) + n \cdot (2 - n)}}$$

Die Beziehung zwischen db und dh ist ersten Grades, man kann also db und dh durch b und h ersetzen und erhält die Dreieckformel:

$$\boxed{b = \frac{h}{\sqrt{\gamma \cdot (1 - n) + n \cdot (2 - n)}}} \qquad 5)$$

b wird ein Minimum, wenn

$$N = \gamma \cdot (1 - n) + n \cdot (2 - n) = \max.$$

Wir differenzieren nach n, setzen $\frac{dN}{dn} = 0$ und erhalten:

$$n = \frac{2 - \gamma}{2} \qquad 6)$$

Die Raumgewichte der Staumauern sind fast immer größer als 2 t/cbm. Da $n < 0$ nicht in Frage kommt, so folgt das Gesetz:

Die Grundform einer Staumauer, die bei gefülltem Becken unter Einwirkung des Eigengewichts und des Wasserdrucks keine Zugspannungen erfahren soll, ist ein Dreieck mit lotrechter wasserseitiger Begrenzung und der Sohlenbreite $\boxed{b = \frac{h}{\sqrt{\gamma}}}$. 7)

Dieses Staumauerdreieck hat noch einige bemerkenswerte Eigenschaften. Die Standfestigkeitsziffer, d. h. der Quotient der angreifenden und der widerstehenden Momente für die Mauervorderkante, das Maß für die Sicherheit gegen Kanten, ist:

$$\frac{\Sigma M_V}{\Sigma M_H} = \frac{\gamma \cdot \frac{h}{\sqrt{\gamma}} \cdot \frac{h}{2} \cdot {}^2/_3\, \frac{h}{\sqrt{\gamma}}}{\frac{h^3}{6}} = 2$$

Man findet ferner (Abb. 5):

$$\operatorname{tg} \varphi = \frac{h}{b} = \sqrt{\gamma}$$

$$\operatorname{tg} \varphi_1 = \frac{G}{W} = \frac{\gamma \cdot b \cdot h}{h^2} = \sqrt{\gamma}$$

$$\varphi = \varphi_1$$

d. h. die Resultierende ist der Maueraußenfläche parallel.

Die Drucklinien für volles und leeres Becken gehen durch die Drittelpunkte der wagerechten Ebenen, sind also gerade Linien.

Die Darstellung der Normalspannungen σ_x ergibt sowohl bei vollem als auch bei leerem Becken ein Dreieck, da die Resultierende in beiden Fällen durch die Kerngrenze geht; die Spannung an der Luftseite bei gefülltem Becken ist gleich der an der Wasserseite bei leerem Becken. Die mittlere Spannung σ_m ist $\frac{\gamma \cdot b \cdot h}{2\,b} = \frac{\gamma \cdot h}{2}$, mithin die lotrechte Kantenpressung bei vollem und leerem Becken:

$$\boxed{\sigma_x = \gamma \cdot h} \qquad 8)$$

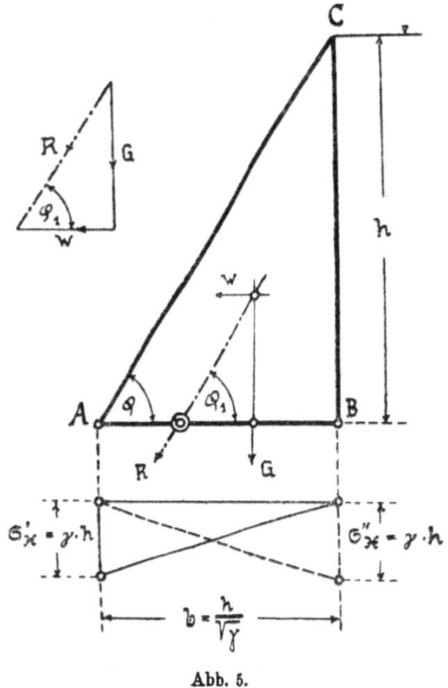

Abb. 5.

Wählt man bei einem dreieckigen Staumauerquerschnitt mit lotrechter wasserseitiger Begrenzung die Sohlenbreite größer als $\frac{h}{\sqrt{\gamma}}$, so vermindert sich bei vollem Becken die lotrechte Kantenpressung an der Luftseite; dagegen bleibt die Höchstspannung bei leerem Becken unverändert $= \gamma \cdot h$. In einem von Zugspannungen freien Staumauerdreieck mit lotrechter wasserseitiger Begrenzung wird also die lotrechte Kantenpressung σ_x den Wert $\gamma \cdot h$ an keiner Stelle überschreiten.

Nimmt man eine bestimmte lotrechte Kantenpressung der wagerechten Ebenen als zulässige Höchstspannung an, so ergibt sich aus $\sigma_x = \gamma \cdot h$ die Höhe h, von der an eine Verbreiterung der Mauer angeordnet werden muß. Bei $\sigma_x = 100$ und 120 t/qm (entsprechend 10 und 12 kg/qm) und $\gamma = 2{,}4$ ist von der Höhe 41,60 oder 50 m an eine Verbreiterung notwendig.

Setzt man in 5) $n = 1$, so erhält man $b = h$, unabhängig von dem Raumgewicht des Mauerwerks (Abb. 6). Das rechtwinklige Staumauerdreieck mit einer um 45° geneigten wasserseitigen Begrenzung bleibt also auch dann standsicher, wenn man aus dem Mauerkörper größere Flächen ausschneidet, also zu einer Konstruktion aus Pfeilern und Gewölben übergeht; es ist die Grundform der aufgelösten Bauweise und der Wehre und Staumauern aus Eisenbeton. Der Materialbedarf kann, was die Rücksicht auf Sicherheit gegen Kanten und das Vermeiden von Zugspannungen betrifft, beliebig klein sein. Wir werden auf diese Bauweise in einem besonderen Abschnitt noch näher zurückkommen.

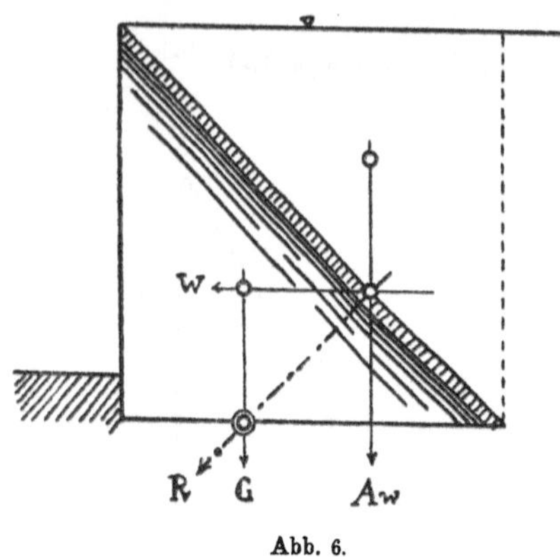

Abb. 6.

---

4. Dreieck mit größtem Widerstand gegen Kanten.

Wir betrachten ein Dreieck von der endlichen Höhe h und der Breite b mit geneigter Wasserseite (vgl. Abb. 4). Das Moment der angreifenden Kraft, des Wasserdrucks, ist feststehend, das der widerstehenden Kräfte, des Mauergewichts und der Wasserauflast, veränderlich mit dem Neigungsverhältnis n der wasserseitigen Begrenzung. Letzteres erreicht seinen größten Wert, wenn:

$$\Sigma M = G \cdot g + A_w \cdot a_w = \frac{\gamma \cdot b^2 \cdot h \cdot (2 - n)}{6} + \frac{n \cdot b^2 \cdot h \cdot (3 - n)}{6} = \max.$$

Wir differenzieren nach n, setzen $\frac{d \Sigma M}{d n} = 0$ und erhalten:

$$n = \frac{3 - \gamma}{2} \qquad 9)$$

Da γ stets kleiner als 3 t/cbm ist, ergibt sich n positiv; für $\gamma = 2{,}4$ wird $n = 0{,}3$.

Vergleicht man 9) mit 6), so erkennt man, daß die Anordnung einer geneigten Wasserseite zwar einen größeren Materialaufwand zur Vermeidung von Zugspannungen bedingt, daß aber gleichzeitig innerhalb der durch 9) gegebenen Grenze die Standsicherheit noch stärker zunimmt, als der Materialbedarf. Die beiden Forderungen des geringsten Materialbedarfs und der größten Sicherheit gegen Kanten lassen sich bei dem zugspannungsfreien Grunddreieck und, wie sich zeigen wird, auch bei anderen Grunddreiecken nicht vereinigen. Man kann also nicht sagen, eine lotrechte wasserseitige Begrenzung sei vorteilhaft, eine geneigte unvorteilhaft, oder umgekehrt; beide Anordnungen haben ihre Berechtigung, eine geneigte Begrenzung um so mehr, wenn noch andere Gründe für sie sprechen. Wir werden weiterhin sehen, daß die Rücksicht auf die Normalspannungen bei leerem Becken und die Schubspannungen bei gefülltem Becken die Anordnung einer je nach den Verhältnissen mehr oder weniger stark geneigten Wasserseite erfordert.

Nach den vorstehenden Ausführungen ist es von Interesse, festzustellen, in welchem Maße der Materialbedarf der zugspannungsfreien Mauer wächst, wenn man statt einer lotrechten wasserseitigen Begrenzung eine geneigte wählt. Es ergibt sich aus 5) für $\gamma = 2{,}4$:

n	0	0,1	0,2	0,3
b	0,646 h	0,652 h	0,662 h	0,676 h

Man erkennt, daß kleine Abweichungen der Wasserseite von der Lotrechten nur einen sehr geringen Einfluß auf den Materialbedarf des zugspannungsfreien Mauerquerschnitts haben.

5. Raumgewicht von Bruchsteinmauerwerk.

In den Formeln 5) bis 9) und ebenso in allen folgenden spielt das Raumgewicht des Mauerwerks eine große Rolle. Es sollen daher einige Erfahrungswerte hierzu mitgeteilt werden. Staumauern werden meistens aus Bruchsteinen, seltener aus Beton erbaut. Das Raumgewicht der Steine schwankt zwischen etwa 2,4 und 2,9 t/cbm (Sandstein und Basalt). Das Raumgewicht des Mörtels kann zu 1,9 t/cbm angenommen werden; diese Zahl hat Verfasser an Probestücken, die aus einer fertigen, mehrere Jahre alten Sperrmauer herausgebrochen waren, festgestellt. Es handelte sich dort um Kalktraßmörtel, Zementmörtel ist noch etwas schwerer. Der Mörtelverbrauch bei dichtem Bruchsteinmauerwerk ist zu 36 bis 38 v. H. anzunehmen. (In der Literatur wird für die Remscheider Mauer ein noch höherer Mörtelverbrauch angegeben, dabei ist aber zu beachten, daß es sich dort um den Verbrauch des Unternehmers an Mörtelmaterial handelte; die sehr bedeutenden Verluste waren also einbegriffen.)

Nach den oben genannten Zahlen schwankt das Raumgewicht von Bruchsteinmauerwerk etwa zwischen:

$$0{,}62 \cdot 2{,}4 + 0{,}38 \cdot 1{,}9 = 2{,}21 \text{ rd. } 2{,}2 \text{ t/cbm und}$$
$$0{,}62 \cdot 2{,}9 + 0{,}38 \cdot 1{,}9 = 2{,}52 \text{ rd. } 2{,}5 \text{ t/cbm}$$

Am häufigsten werden Steine von etwa 2,7 t/cbm Gewicht verwendet (Schiefer, Grauwacke, schwere Kalksteine); Granit und Gneis sind noch schwerer. Man kann demnach als wahrscheinliches Gewicht von Talsperrenmauerwerk 2,4 t/cbm annehmen, und wir werden diese Zahl bei Beispielen anwenden, denn man sollte die grundlegende Profilgestalt der Mauer nach dem wahrscheinlichen Werte von γ bestimmen, auch dann, wenn zur Sicherheit später einzelne Teile der Rechnung mit einem absichtlich niedrig angenommenen Mauergewicht durchgeführt werden. Es ist auch zu beachten, daß für Mauern von größerer Höhe, bei denen die Rücksicht auf die zulässigen Spannungen die Querschnittsabmessungen bedingt, mit dem wahrscheinlichen Wert von γ gerechnet werden muß, denn würde man das Raumgewicht des Mauerwerks zu niedrig annehmen, so würden nach der Ausführung größere Druckspannungen im Querschnitt eintreten, als die Rechnung ergeben hatte.

6. Umwandlung eines Grunddreiecks in einen Staumauerquerschnitt.

Von dem Grunddreieck mit der Basisbreite $b = \frac{h}{\sqrt{\gamma}}$ und lotrechter Wasserseite sind in neuerer Zeit mehrere Verfasser*) bei der Bestimmung eines möglichst günstigen Staumauerquerschnitts ausgegangen. Es soll daher auch hier an dem genannten Dreieck gezeigt werden, wie in einfacher Weise ein Grunddreieck in einen praktisch brauchbaren Staumauerquerschnitt umgewandelt werden kann.

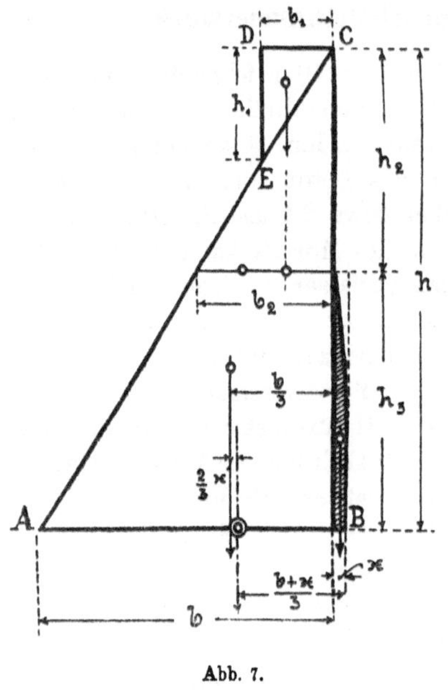

Abb. 7.

Die Kronenbreite einer Staumauer kann nicht 0 sein, sondern muß mit Rücksicht auf Verkehr, Wellenschlag, Frost usw. eine endliche Breite b_1 erhalten (Abb. 7).

Das Hinzufügen des Dreiecks CDE an das Grunddreieck ABC hat zur Folge, daß bei leerem Becken die Resultierende des Mauergewichts an der Wasserseite in einem bestimmten Abstande von der Mauerkrone aus dem Kern heraustritt, sodaß an der

*) Kresnik: Das kleinstmögliche Querprofil der Talsperrenmauern, Zeitschr. d. österr. Ing.- u. Arch. Ver. 1904, S. 534—537. — Wegmann: The

Luftseite kleine Zugspannungen entstehen. Der Abstand h_2 von der Krone, bis zu dem die Resultierende noch im Kern verläuft, hängt bei gegebenem Grunddreieck von der Kronenbreite b_1 ab. Es ist nach Abb. 7:

$$^2/_3\, b_1 = {}^1/_3\, b_2;\quad b_2 = 2\, b_1$$

Will man das Auftreten von Zugspannungen an der Luftseite unterhalb des Mauerkörpers von der Höhe h_2 vermeiden, so muß die Mauer an der Wasserseite verbreitert werden. Die erforderliche Verstärkung x in der Tiefe h findet man leicht durch folgende Näherungsrechnung: Der an der Wasserseite hinzukommende Mauerkörper werde etwas zu ungünstig als Rechteck von der Höhe h_3 betrachtet (Abb. 7). Dann gilt, wenn die Resultierende durch den Drittelpunkt der Fuge von der Breite $b + x$ gehen soll, die Momentengleichung:

$$\frac{b \cdot h}{2} \cdot \left(\frac{b}{3} + x\right) + \frac{b_1 \cdot h_1}{2} \cdot ({}^2/_3 b_1 + x) + x \cdot h_3 \cdot \frac{x}{2} = \left[\frac{b \cdot h}{2} + \frac{b_1 \cdot h_1}{2} + x \cdot h_3\right] \cdot \frac{(b + x)}{3}$$

Unter Vernachlässigung des verhältnismäßig unbedeutenden Gliedes mit dem Faktor x^2 findet man:

$$x = \frac{b_1 \cdot h_1 \cdot (b - 2\, b_1)}{2 \cdot (b \cdot h + b_1 \cdot h_1 - b \cdot h_3)}$$

Trägt man einige Werte von x auf, so findet man als Begrenzung der Wasserseite der Mauer unterhalb h_2 eine Kurve, die nach außen konvex ist und in nahem Abstande von der Lotrechten verläuft.

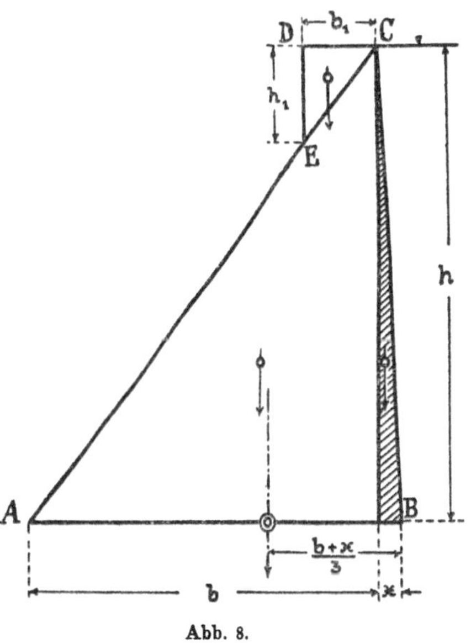

Abb. 8.

Für die Ausführung ist eine solche Begrenzung nicht zu empfehlen, um so weniger, als sich eben so leicht eine geradlinige Begrenzung der Wasserseite finden läßt, die die Bedingung erfüllt, daß die Resultierende bei leerem Becken im inneren Drittel verbleibt.

Design and Construction of Dams. New York, John Wiley & Sons, London, Chapmann & Hall, Limited, 1908. — Platzmann: Über den Querschnitt der Staumauern, Leipzig, Verlag von Wilh. Engelmann, 1908. — Kreuter: Beitrag zur Berechnung und Ausführung der Staumauern, München und Berlin, Druck u. Verlag von R. Oldenbourg, 1909.

Wir bilden zu diesem Zweck die Wasserseite der Mauer schon von der Krone an geneigt aus (Abb. 8) und bestimmen das Maß des Vorsprungs an der Wasserseite für eine Mauer von der Höhe h aus der Momentengleichung:

$$\frac{b \cdot h}{2} \cdot \left(\frac{b}{3} + x\right) + \frac{b_1 \cdot h_1}{2} \cdot ({}^2/_3\, b_1 + x) + \frac{x \cdot h}{2} \cdot {}^2/_3\, x$$
$$= \left[\frac{b \cdot h}{2} + \frac{b_1 \cdot h_1}{2} + \frac{h \cdot x}{2}\right] \cdot \left(\frac{b + x}{3}\right)$$

Man findet, wiederum unter Vernachlässigung des Gliedes mit dem Faktor x^2:

$$x = \frac{b_1 \cdot h_1 \cdot (b - 2\, b_1)}{b \cdot h + 2\, b_1 \cdot h_1} \tag{10}$$

Nach 10) würde man im allgemeinen schon mit sehr geringen Abweichungen der Wasserseite von der Lotrechten (40 : 1 bis 50 : 1) das Auftreten von Zugspannungen an der Luftseite bei leerem Becken vermeiden. Aus praktischen Gründen empfiehlt es sich oft, eine etwas flachere Neigung der Wasserseite zu wählen, umsomehr, als die Vergrößerung des Materialbedarfs zur Vermeidung von Zugspannungen an der Wasserseite nach der Zusammenstellung auf S. 15 nur gering ist und durch die Vermehrung der Sicherheit gegen Kanten ausgeglichen wird.

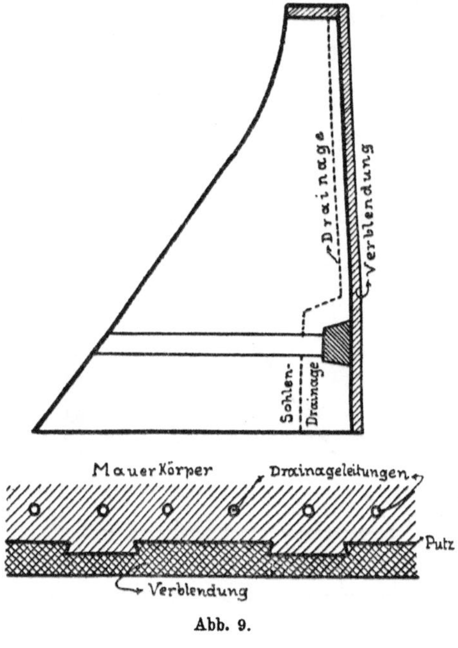

Abb. 9.

Die meisten neueren Staumauern erhalten nämlich an der Wasserseite eine Verblendungs- oder Schutzmauer, die den Putz des Hauptmauerkörpers gegen die Einwirkung von Frost, Sonnenbestrahlung und Wellenschlag schützen soll (Abb. 9). Diese Verblendung lehnt sich entweder mit ebener Begrenzung gegen die Hauptmauer, oder ist durch lotrechte Falze in diese eingefügt. In beiden Fällen ist es von Vorteil, die Rückwand der Mauer gegen die Lotrechte zu neigen, so daß sich die Verblendung mit einem Teile ihres Gewichts an den Hauptmauerkörper anlehnt, da sonst ein

Auseinanderklaffen von Mauer und Verblendung wenn auch nicht wahrscheinlich, so doch bei nicht eingefalzter Verblendung immerhin denkbar wäre. Wünscht man bei Anwendung einer Verblendung eine steile Wand, um das Grunddreieck mit geringstem Materialaufwand noch annähernd beizubehalten, so sind Neigungen zu empfehlen, bei denen $\frac{h}{x} = \frac{h}{n \cdot b} = 20$ oder 25 wird (Abb. 8). Wie sich später zeigen wird, bedingt bei hohen Mauern die Rücksicht auf die lotrechten Kantenpressungen und die Schubspannungen noch erheblich flachere Neigungen.

Wenn die Neigung der Wasserseite der Mauer aus 10) berechnet oder aus praktischen Rücksichten festgelegt ist, so muß zunächst die Breite des Grunddreiecks unter Benutzung der gefundenen Böschungs-

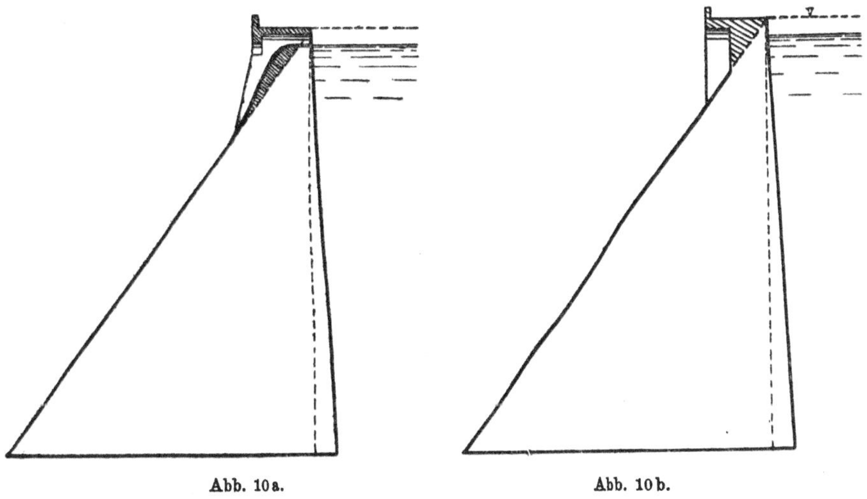

Abb. 10a. Abb. 10b.

ziffer n von neuem ermittelt werden, für das Grunddreieck ohne Zugspannungen also aus 5). Entsprechend der neuen Sohlenbreite, die sich aus dieser Berechnung ergibt, ist n zu berichtigen und die Rechnung nochmals durchzuführen. Eine zweite Verbesserung ist bei den geringen Abweichungen in den sich ergebenden Werten von b nur selten erforderlich.

Nach Ausbildung der Spitze des Grunddreiecks zur Mauerkrone bleibt noch die luftseitige Begrenzung der Mauer zu bestimmen. Hierfür stehen zwei Wege offen:

Man kann ganz einfach die Mauerbekrönung dem Grunddreieck aufsetzen, ohne an diesem irgend etwas zu ändern (Abb. 10a und 10b). Die statischen Verhältnisse des Querschnitts werden durch Anfügen des Mauerkörpers der Bekrönung verbessert, man hat demnach einem Staumauerquerschnitt von etwas günstigeren Eigenschaften als sie das Grunddreieck besitzt. Die Bekrönung kann dann in ganz beliebiger Weise ausgebildet werden, z. B. als Überlauf, oder als breite Straße mit Pfeilervorsprüngen, mit schweren oder leichten Gewölben und mit beliebigen Pfeilerabständen, ohne daß es den Konstrukteur bei der Bestimmung der Abmessungen der unteren Mauer zu kümmern braucht; mit der Ermittelung des Grunddreiecks ist die Arbeit der Profilausbildung erledigt. Die einzige Voraussetzung ist, daß die Bekrönung nicht schwerer ist, als das Dreieck CDE (Abb. 8), falls dieses zur Berechnung der Neigung der Wasserseite aus 10) benutzt sein sollte.

Das zweite ein wenig sparsamere Verfahren besteht darin, daß man aus dem Grunddreieck ein Dreieck AFE ausschneidet, das der Mauerbekrönung CDE flächengleich ist, und den Winkel DFA von der Mauerkrone beginnend durch einen Kreisbogen ausrundet (Abb. 11). Auch in diesem Falle sind die statischen Verhältnisse in der Fundamentfuge des endgültigen Querschnitts etwas günstiger als die des Grunddreiecks, da das Moment des ausgeschnittenen Mauerkörpers in bezug auf die Vorderkante der Mauer kleiner ist, als das der hinzugefügten Bekrönung und Ausrundung.

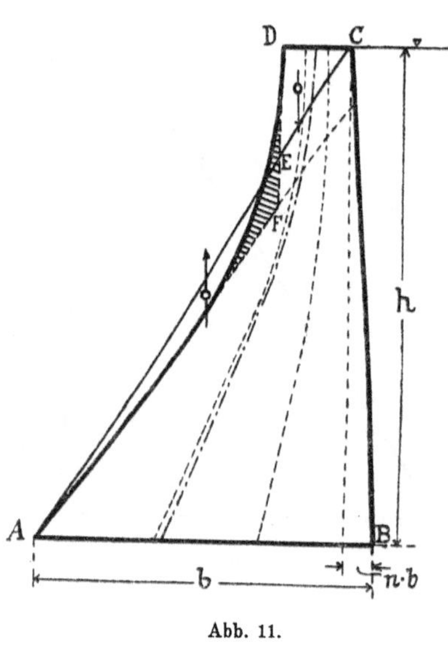

Abb. 11.

Es ist zu beachten, daß in diesem Falle die aus 10) sich ergebende Neigung der Wasserseite nicht mehr ausreicht, da das Grunddreieck verkleinert und der aufgesetzte Mauerkörper der Bekrönung nicht mehr ein Dreieck ist (Abb. 11). Die erforderliche stärkere Neigung der Wasserseite könnte in ähnlicher Weise wie früher ermittelt werden, es genüge der Hinweis, daß bei Wahl einer Böschung, bei der $\frac{h}{x} = \frac{h}{n \cdot b}$ nicht größer als 30 ist, das Heraustreten der Resultierenden aus dem Kern bei leerem Becken in allen Fällen vermieden wird. Wählt man also die Neigung an der Wasserseite so, daß $\frac{h}{n \cdot b} \leqq 30$, so erspart man von vornherein alle Berechnungen, die sonst die Berücksichtigung des Einflusses der Bekrönung auf die Spannungen an der Luftseite bei leerem Becken erfordern würde.

Zwischen den beiden oben beschriebenen Verfahren der Umwandlung eines Grunddreieckes in ein Staumauerprofil gibt es natürlich noch Mittelwege; die äußere Begrenzung der Mauer kann innerhalb des Winkels E A F in Abb. 11 ganz beliebig ausgebildet werden.

Es ist von Interesse, mit der vorstehend angegebenen Rechnungsweise und ihren Ergebnissen die der Berechnungen von Kresnik, Wegmann, Kreuter und Platzmann zu vergleichen, die Formeln für die Ermittelung des kleinsten zugspannungsfreien Staumauerquerschnitts aufgestellt haben, mittels deren man schrittweise, von der Mauerkrone beginnend, die Fugenbreite für die verschiedenen Höhen ermitteln kann.

In den von den genannten Verfassern aufgestellten Profilen findet sich der theoretisch genaue Verlauf der Begrenzung der Wasserseite der Mauer wieder, wonach diese von der Krone an bis zu einer gewissen Tiefe lotrecht und von da an nach einer flachen Kurve gekrümmt ist (Abb. 12, 13 und 14).

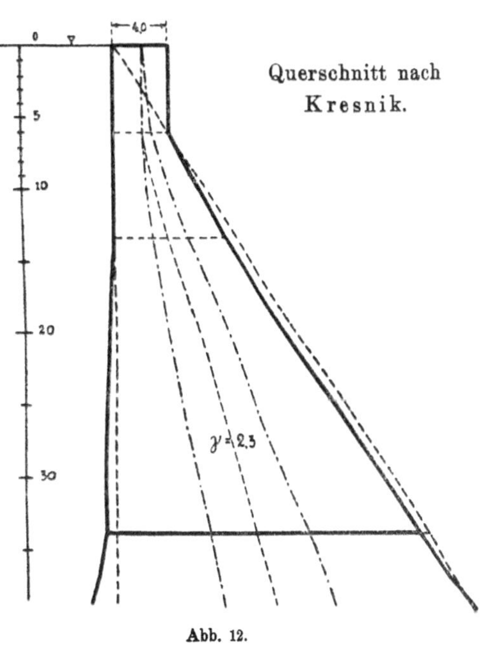

Abb. 12.

Wegmann ersetzt die gekrümmte Begrenzung der Wasserseite durch gerade Linien und erhält auf diese Weise den von ihm für die praktische Ausführung empfohlene Querschnitt, den er bis zu einer Höhe von 200′ = 61 m für zulässig hält. Dabei hat er die entstehenden Beanspruchungen wohl nicht ausreichend beachtet, denn die lotrechte Kantenpressung bei vollem und leerem Becken mit etwa 15 kg/qcm mag noch angehen, nicht aber die Schubspannung am luftseitigen Mauerfuß, die bei gefülltem Becken etwa 9,5 kg/qcm erreicht.

Kreuter und nach seinem Vorgang auch Platzmann unterscheiden „Kopf“, „Hals“ und „Rumpf“ der Mauer. Bei vollem Becken verläuft die Drucklinie im Kopf von der Mitte der Mauerkrone nach der luftseitigen Kerngrenze, im Hals und Rumpf längs dieser Kerngrenze. Bei leerem Becken verläuft die Drucklinie im Kopf durch die Fugenmitte, im Hals von der Fugenmitte nach der wasserseitigen

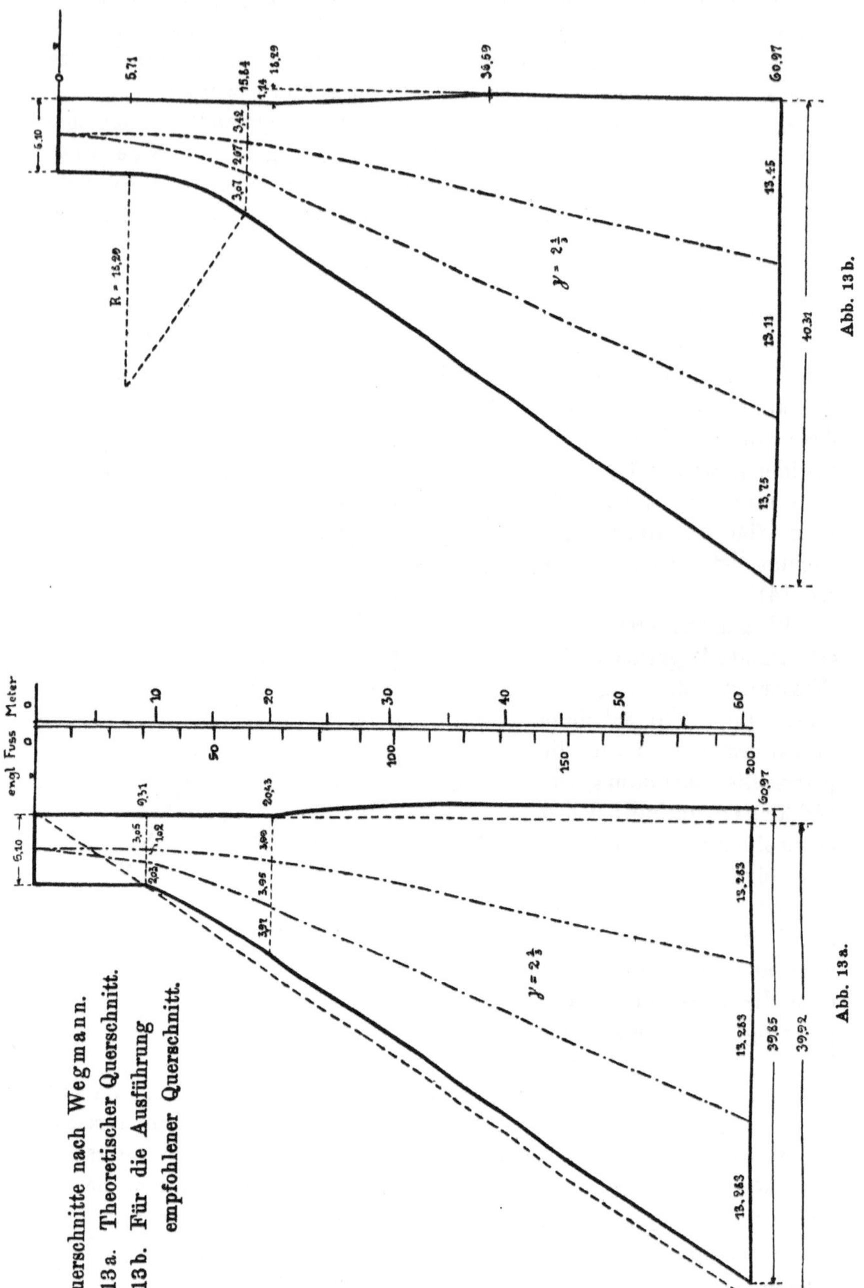

Abb. 13 b.

Abb. 13 a.

Querschnitte nach Wegmann.
13 a. Theoretischer Querschnitt.
13 b. Für die Ausführung empfohlener Querschnitt.

Kerngrenze. Für jeden dieser Teile werden die Bedingungsgleichungen aufgestellt, wodurch man schrittweise zu einem Querschnitt entsprechend Abb. 14 gelangt. Unterhalb des Rumpfes beginnt der „Fuß“, der nach der Forderung bestimmt wird, daß die lotrechten Kantenpressungen einen bestimmten Wert nicht überschreiten.

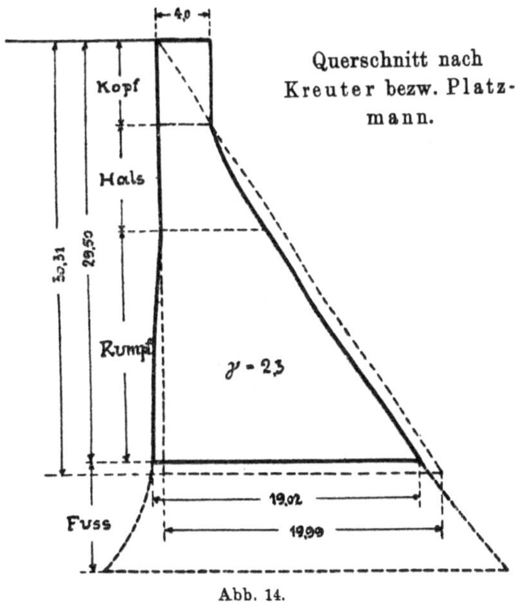

Abb. 14.

Die Berechnung von Querschnitten, in denen die Stützlinie genau der Kerngrenze folgt, ist sehr mühsam und nicht ausreichend lohnend, wenn man bedenkt, daß man die eigentümlich gekrümmte Form der Wasserseite doch schwerlich der Ausführung zugrunde legen wird; die Entwickelung aus der Dreieckform ist jedenfalls einfacher.

---

7. Grunddreieck mit Wasserdruck und Erdhinterfüllung.

Es werde angenommen, die Mauer sei bis zur halben Höhe jedes einzelnen Querschnitts mit einer 1 : 2 geneigten Erdschüttung hinterfüllt, wie dies bei allen Talsperrenbauten Intzes zum Schutze der Putzfläche der Mauer und zur Erhöhung der Dichtigkeit an ihrem wasserseitigen Fuße ausgeführt worden ist (Abb. 15).

Zu den angreifenden Kräften kommt der Erddruck $E = \mu \cdot \gamma_e \cdot \frac{h^2}{8}$ hinzu, der am Hebelarm $\frac{h}{6}$ wagerecht wirkend angenommen wird; es wird also vorausgesetzt, daß zwischen Mauer und Erde keine Reibung stattfindet. μ findet man für 1 : 2 geneigte Böschungen nach dem Rebhannschen Verfahren zu 0,38, γ_e ist unter Wasser 1,8—1 oder 1,9—1, also = 0,8 bis 0,9 t/cbm zu setzen. Zu den widerstehenden Kräften kommt die Erdauflast A_e, deren obere Begrenzung wir der Einfachheit halber im Bereich der wasserseitigen Böschung der Mauer wagerecht annehmen. Da sich wieder eine Beziehung ersten Grades zwischen der Höhe und der Breite der Mauer, also eine dreieckige Grundform ergeben wird, kann von vornherein statt mit d b und d h mit b und h gerechnet werden.

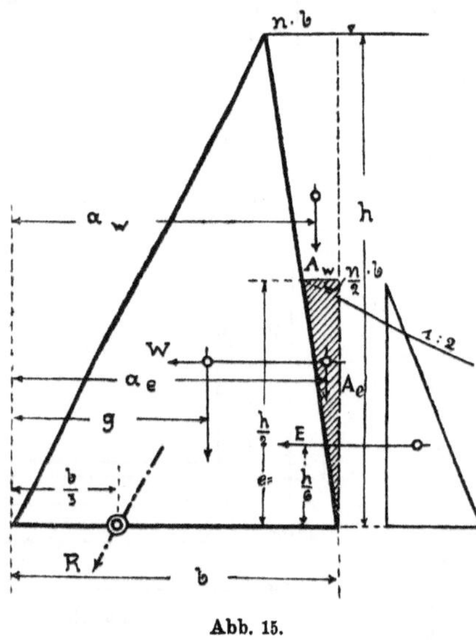

Abb. 15.

Soll die Resultierende durch die Kerngrenze gehen, so ist nach Abb. 15:

$$\frac{b}{3} = \frac{\Sigma M}{\Sigma V} = \frac{G \cdot g + A_w \cdot a_w + A_e \cdot a_e - W \cdot w - E \cdot e}{G + A_w + A_e}$$

Die meisten Gewichte und Momente waren auf S. 11 und 12 schon angegeben. Es fehlen noch:

$$A_e = \frac{\gamma_e \cdot n \cdot b \cdot h}{8}, \quad a_e = \frac{b \cdot (6 - n)}{6}$$

$$A_e \cdot a_e = \frac{\gamma_e \cdot n \cdot b^2 \cdot h \cdot (6 - n)}{48}$$

$$E = \frac{\mu \cdot \gamma_e \cdot h^2}{8}, \quad e = \frac{h}{6}, \quad E \cdot e = \frac{\mu \cdot \gamma_e \cdot h^3}{48}$$

Es ergibt sich:

$$b = h \sqrt{\frac{1 + \frac{\mu \cdot \gamma_e}{8}}{\gamma \cdot (1 - n) + n \cdot (2 - n) + \frac{\gamma_e \cdot n}{8} \cdot (4 - n)}} \qquad 11)$$

b wird ein Minimum, wenn:

$$N = \gamma \cdot (1 - n) + n \cdot (2 - n) + \frac{\gamma_e \cdot n}{8} \cdot (4 - n) = \max.$$

Wir differenzieren nach n, setzen $\frac{dN}{dn} = 0$ und erhalten:

$$n = \frac{8 - 4\gamma + 2\gamma_e}{8 + \gamma_e} \qquad 12)$$

Setzt man $\gamma_e = 0$, so ergeben sich aus 11) und 12) wieder 5) und 6). Für $\gamma_e = 0{,}8$ und $\gamma = 2{,}4$ wird $n = 0$, d. h. die wasserseitige Mauerbegrenzung ist lotrecht, für $\gamma_e = 0{,}9$ und $\gamma = 2{,}3$ ergibt sich $n = 0{,}067$.

Die Grundform einer bis zur halben Höhe mit Erde hinterfüllten Staumauer, die keine Zugspannungen erfahren soll, ist ein Dreieck mit annähernd lotrechter wasserseitiger Begrenzung.

Der Mehraufwand an Mauerwerk, der durch die Erdhinterfüllung bis zur halben Mauerhöhe bedingt wird, beträgt etwa 2 v. H. Will man die Erdhinterfüllung in geringeren Abmessungen, etwa nur bis $^1/_3$ oder $^1/_4$ der Höhe ausführen, so ist es leicht, in der oben angegebenen Weise nach Abänderung der Momente der Erdauflast und des Erddrucks die entsprechende Sohlenbreite des Grunddreiecks zu bestimmen.

---

9. Grunddreieck mit begrenzten Normalspannungen bei leerem Becken und bei Wasserdruck.

Das Grunddreieck, das bei geringstem Materialbedarf von Zugspannungen frei ist, d. h. das Dreieck mit lotrechter Wasserseite und der Sohlenbreite $b = \frac{h}{\sqrt{\gamma}}$, erfährt gleiche Normalspannungen $\sigma_x = \gamma \cdot h$ sowohl bei vollem als auch bei leerem Becken. Auch für den allgemeineren Fall des Dreiecks mit schräger Wand lassen sich die Formeln für die Normalspannungen bei leerem und gefülltem Becken leicht aufstellen; sie können dann dazu dienen, das Grunddreieck so auszubilden, daß σ_x einen bestimmten, vorher festgesetzten Wert nicht überschreitet.

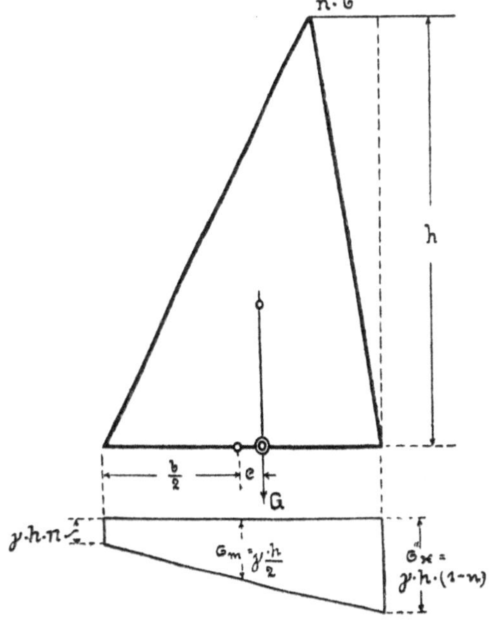

Abb. 16.

Für leeres Becken ist nach Abb. 16:

$$\sigma_x'' = \sigma_m \cdot \frac{b + 6\,c}{b}$$

$$\sigma_m = \frac{\gamma \cdot h}{2}$$

$$c = \frac{b \cdot (2 - n)}{3} - \frac{b}{2}$$

$$\boxed{\sigma_x'' = \gamma \cdot h \cdot (1 - n)} \qquad 13)$$

Für volles Becken ergeben sich die Druckspannungen der wagerechten Ebenen wie folgt (Abb. 17):

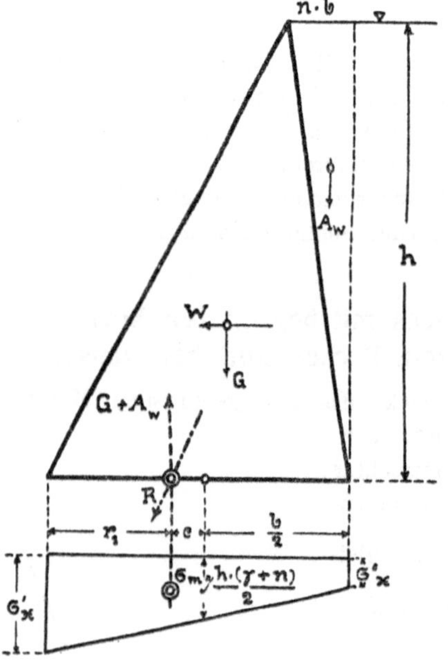

Abb. 17.

$$\sigma_x' = \sigma_m \cdot \frac{b + 6\,c}{b}$$

$$\sigma_m = \frac{\frac{\gamma \cdot b \cdot h}{2} + \frac{n \cdot b \cdot h}{2}}{b} = \frac{h \cdot (\gamma + n)}{2}$$

$$r_1 = \frac{b}{2} - c = \frac{\Sigma M}{\Sigma V} = \frac{\frac{\gamma \cdot b^2 \cdot h \cdot (2 - n)}{6} + \frac{n \cdot b^2 \cdot h \cdot (3 - n)}{6} - \frac{h^3}{6}}{\frac{\gamma \cdot b \cdot h}{2} + \frac{n \cdot b \cdot h}{2}}$$

$$r_1 = \frac{b^2 \cdot [\gamma \cdot (2 - n) + n \cdot (3 - n)] - h^2}{3\,b \cdot (\gamma + n)}$$

$$c = \frac{b}{2} - \frac{b^2 \cdot [\gamma \cdot (2 - n) + n \cdot (3 - n)] - h^2}{3\,b \cdot (\gamma + n)}$$

$$\sigma_x' = \frac{h \cdot (\gamma + n)}{2} \cdot \left(1 - 3 - \frac{2 b^2 \cdot [\gamma \cdot (2 - n) + n \cdot (3 - n)] - 2 h^2}{b^2 \cdot (\gamma + n)}\right)$$

$$\boxed{\sigma_x' = \frac{h^3}{b^2} + h \cdot n \cdot (\gamma + n - 1)} \qquad 14)$$

Die Spannung an der Wasserseite wird $2\,\sigma_m - \sigma_x'$, also:

$$\sigma_x'' = h \cdot (\gamma + 2\,n - n \cdot \gamma - n^2) - \frac{h^3}{b^2} \qquad 15)$$

Für $n = 0$ wird:

$$\sigma_x' = \frac{h^3}{b^2} \qquad 16)$$

$$\sigma_x'' = \gamma \cdot h - \frac{h^3}{b^2} \qquad 17)$$

Die luftseitige Kantenpressung σ_x' eines Dreiecks mit gegebener Sohlenbreite und lotrechter Wand ist nach 16) bei gefülltem Becken von γ unabhängig. Bei schräger Begrenzung der Wasserseite wächst σ_x' einerseits mit der Neigung, anderseits mit dem Raumgewicht des Mauerwerks.

Wenn man in 13) und 14) σ_x' und σ_x'' mit der Stauhöhe h in Beziehung bringt, so kann das Staumauerdreieck mit bestimmten Kantenpressungen leicht ermittelt werden. Es sei beispielsweise $h = 60$ m, und die Kantenpressungen σ_x' und σ_x'' sollen nicht größer werden als 12 kg/qm oder 120 t/qm. Wir setzen demnach in 13) und 14) $\sigma_x = 120 = 2\,h$ und erhalten:

$$\gamma \cdot h \cdot (1 - n) = 2\,h$$

$$\gamma \cdot (1 - n) = 2$$

$$\frac{h^3}{b^2} + h \cdot n \cdot (\gamma + n - 1) = 2\,h$$

$$b = \frac{h}{\sqrt{2 - n \cdot (\gamma + n - 1)}}$$

Man berechnet aus der ersten Beziehung die Neigung der Wasserseite, aus der zweiten die erforderliche Sohlenbreite.

Wenn das gefundene Grunddreieck durch Anfügen der Mauerbekrönung (Abb. 8, 10a oder 10b) in einen Staumauerquerschnitt verwandelt wird, so ändern sich die Druckspannungen sowohl bei vollem als auch bei leerem Becken, und zwar umsomehr, je niedriger die Mauer ist. Man muß dann zunächst die eintretenden Kantenpressungen feststellen, was bei der einfachen Form des Hauptmauerkörpers wenig Mühe macht, und darnach behufs Innehaltung der gegebenen Grenzen die Abmessungen des Grunddreiecks erneut ermitteln. Es ergebe sich beispielsweise bei dem angenommenen Staumauerdreieck von 60 m Höhe die Kantenpressung nach Anfügung des Dreiecks der Mauerbekrönung zu 124,8 t/qm $= 2{,}08$ h bei leerem und zu 122,4 t/qm $= 2{,}04$ h bei vollem Becken, dann ist die Berechnung des Grunddreiecks zur Erreichung der angestrebten Kantenpressung von 120 kg/qm mit folgenden Beziehungen zu wiederholen:

$$\gamma \cdot (1 - n) = (2{,}00 - 0{,}08) = 1{,}92$$

$$b = \frac{h}{\sqrt{(2{,}00 - 0{,}04) - n \cdot (\gamma + n - 1)}}$$

---

9. Grunddreieck mit begrenzten Normalspannungen bei Wasser- und Erddruck.

In gleicher Weise wie vorstehend beschrieben lassen sich Grunddreiecke mit begrenzten Normalspannungen ermitteln, wenn zu den angreifenden Kräften der Erddruck hinzukommt.

Die Normalspannung an der Wasserseite ist am größten, wenn die Erdhinterfüllung nicht vorhanden ist, was zeitweise vorkommen kann. Die größte Normalspannung bei leerem Becken bestimmt sich also aus 13): $\sigma_x'' = \gamma \cdot h \cdot (1 - n)$.

Für volles Becken ist (Abb. 15):

$$\sigma_x' = \sigma_m \cdot \frac{b + 6c}{b}$$

$$\sigma_m = \frac{\frac{\gamma \cdot b \cdot h}{2} + \frac{n \cdot b \cdot h}{2} + \frac{\gamma_e \cdot n \cdot b \cdot h}{8}}{b} = h \cdot \left(\frac{\gamma + n}{2} + \frac{\gamma_e \cdot n}{8}\right)$$

$$\frac{b}{2} - c = \frac{\Sigma M}{\Sigma V}$$

$$\frac{b}{2} - c =$$

$$\frac{\frac{\gamma \cdot b^2 \cdot h \cdot (2-n)}{6} + \frac{n \cdot b^2 \cdot h \cdot (3-n)}{6} + \frac{\gamma_e \cdot n \cdot b^2 \cdot h \cdot (6-n)}{48} - \frac{h^3}{6} - \frac{\mu \cdot \gamma_e \cdot h^3}{48}}{\frac{\gamma \cdot b \cdot h}{2} + \frac{n \cdot b \cdot h}{2} + \frac{\gamma_e \cdot n \cdot b \cdot h}{8}}$$

$$\sigma_x' = \frac{h^3}{b^2} \cdot \left(1 + \frac{\mu \cdot \gamma_e}{8}\right) + h \cdot n \cdot \left(\gamma + n - 1 - \frac{\gamma_e}{4} + \frac{n \cdot \gamma_e}{8}\right) \qquad 18)$$

Für $n = 0$ ist $\sigma_x' = \dfrac{h^3 \cdot \left(1 + \frac{\mu \cdot \gamma_e}{8}\right)}{b^2}$ 19)

Die Formel 18) wird in Verbindung mit 13) zur Bestimmung der Sohlenbreite einer Mauer mit begrenzter zulässiger Normalspannung σ_x in der auf S. 27 angegebenen Weise benutzt.

---

10. Allgemeines über die Wirkung des Unterdrucks.

Es ist unter den deutschen Ingenieuren — die ausländischen haben sich anscheinend mit dieser Frage bisher weniger beschäftigt — viel darüber gestritten worden, ob es erforderlich sei, die lotrecht nach oben und unten wirkende Kraft des in offene Fugen des Mauerwerks oder des Fundaments eindringenden Druckwassers bei der Berechnung der Staumauern zu berücksichtigen*). Man ist dabei bis heute von einheitlichen Anschauungen weit entfernt: die Notwendigkeit der Berücksichtigung des Eintretens von Druckwasser in die Fugen wird von den einen behauptet, von den andern bestritten.

Zunächst einige Worte über die Bezeichnung der strittigen Kraft. Man nennt den „Unterdruck" einer Staumauer öfters „Auftrieb". Diese Bezeichnung ist nicht ganz zutreffend, wenigstens hat man bisher als „Auftrieb" die Summe aller lotrechten vom Wasser auf einen eingetauchten Körper ausgeübten Kräfte bezeichnet. Bei einer Staumauer würde also als „Auftrieb" die Kraft $U - A_w$ (Abb. 19) anzusehen sein. Auch Intze nannte die auf die Fuge von unten wirkende Kraft stets „Unterdruck", ebenso gebrauchen die Franzosen die Bezeichnung „sous-pression".

Von manchen Ingenieuren wird angenommen, daß kein Druckwasser in die Fugen eintreten könne, wenn an der betreffenden Stelle die Normalspannung des Mauerwerks größer ist als der Wasserdruck; diese Ansicht hält Verfasser nach langjährigen Beobachtungen an fertigen, im Betriebe befindlichen Staumauern für irrig. Betrachtet man eine beliebige, mit Wasser hinterfüllte Mauer, die undicht ist und deshalb an einzelnen Stellen Unterdruck erfährt, so wird in dieser Hinsicht nichts verbessert, wenn man die Mauer von oben belastet, also die lotrechte Pressung vermehrt, denn das Mauerwerk ist im wesentlichen unelastisch. Die Beobachtungen an fertigen Staumauern ergeben dasselbe: es gibt Mauern genug, aus deren Vorderfläche Druckwasser unter sichtbarer Pressung herausspritzt, obwohl die mittlere Spannung im Mauerwerk an dieser Stelle viel größer ist als die Druckhöhe des Wassers. Hieraus ist zu folgern, daß unter ungünstigen Um-

---

*) Centralblatt der Bauverwaltung. 1889 Nr. 42a Kiel: Zur Berechnung von Wasserdruckmauern, insbesondere von Talsperren. — Desgl. Nr. 47a Fecht: Über Staumauern. — 1898 Nr. 9 und 9a Lieckfeldt: Die Standfestigkeit von Staumauern mit offenen Lagerfugen. — 1906 Nr. 26 Lieckfeldt: Die Lebensdauer der Talsperren. — 1907 Nr. 23—25 Sympher: Der Talsperrenbau in Deutschland. S. 167. — 1908 Nr. 38 Lieckfeldt: Erfahrungen im Talsperrenbau. — Desgl. Nr. 49 Krause: Die Standfestigkeit von Staumauern mit offenen Lagerfugen. — Desgl. Nr. 68 (Erwiderungen von Krey und Link).

Intze: Die geschichtliche Entwickelung, die Zwecke und der Bau der Talsperren. Berlin 1906. Verlag von Julius Springer. S. 41.

Zeitschrift für Architektur- und Ingenieurwesen 1908 Heft 3 Mattern: Beitrag zur Frage des inneren Auftriebes in Talsperren. — Desgl. Heft 6 Cress: Zur Frage des Wasserunterdrucks bei Sperrmauern.

ständen an beliebigen Stellen einer Fuge Unterdruck entstehen kann, unabhängig von der mittleren an dieser Stelle herrschenden Mauerwerkspressung.

Die Frage, ob mit dem Eintreten von Unterdruck gerechnet werden muß, ist neuerdings durch Beobachtungen an drei fertigen Talsperren des Ruhr- und Wuppergebiets in einwandfreier Weise in bejahendem Sinne entschieden worden. An der Hennetalsperre wurde von dem Bauleiter, Regierungsbaumeister Innecken, während des Baues auf den dort etwas klüftigen Fels der Talsohle inmitten der Mauer ein Standrohr aufgesetzt, durch das gegebenenfalls später unter hohem Druck Zement in die Klüfte eingeführt werden sollte. Als die Talsperre zum ersten Male gefüllt wurde, stieg das Wasser im Rohr bis etwa $^3/_4$ der vollen Stauhöhe.

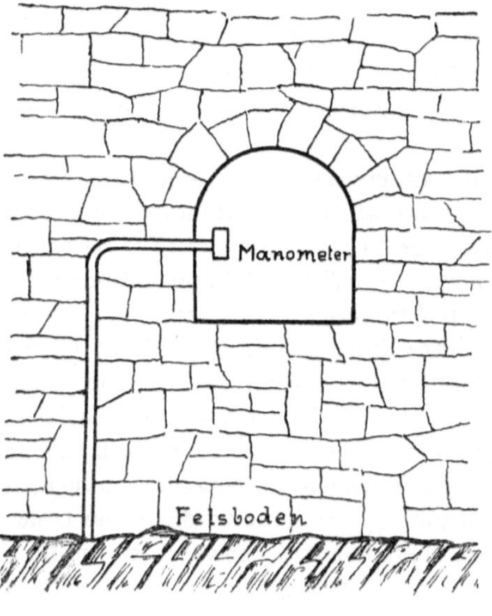

Abb. 18.

Eingehendere Versuche hatte Intze im Jahre 1904 an der Östertalsperre veranlaßt, die nach seinem Tode von dem Bauleiter, Regierungsbaumeister Schäfer, durchgeführt worden sind. Es wurden dort eine Anzahl Mannesmannrohre von 50 bis 60 mm Durchmesser mit offenem Ende auf den Felsboden aufgesetzt, die in 4—5 m Höhe rechtwinkelig umbogen und in den Rohrstollen der Sperrmauer mündeten (Abb. 18). Die Enden der Rohre waren mit Gewinden versehen, auf die Manometer aufgeschraubt werden konnten. Als die Talsperre gefüllt wurde, zeigte sich an allen Manometern ein namhafter Unterdruck. Das ungünstigste der beobachteten Unterdruckprofile verlief etwa so, daß der Druck an der Wasserseite der vollen, an der Luftseite noch der halben Wassersäule entsprach. Während der folgenden Betriebsjahre hat sich der Unterdruck nicht wesentlich verändert.

Der gleiche Versuch ist an der von Intze entworfenen, im Jahre 1908 unter der Oberleitung von Wasserwerksdirektor Borchardt vollendeten zweiten Talsperre der Stadt Remscheid im Neyetale ausgeführt worden. Auch bei dieser Mauer zeigte sich während der Füllung im Jahre 1909 an sämtlichen Versuchsrohren Unterdruck, jedoch blieb die größte beobachtete Druckhöhe mit etwa $^2/_3$ der über der Rohrendigung stehenden Wassersäule geringer als an der Östertalsperre. Nach der Luftseite zu nahm der Unterdruck auch hier einigermaßen trapezförmig ab.

Dreht man an einem der Versuchsrohre der Öster- oder Neyetalsperre den Hahn auf, der vor dem Manometer angebracht ist und den Verschluß des Rohres bildet, so spritzt das Wasser in kurzem, scharfem Strahl aus dem Rohr, wobei der Druck im Manometer auf 0 herabgeht. Nach Schließung des Hahnes steigt der Druck langsam wieder zu der vorher beobachteten Höhe an. Diese Erscheinung und die Abnahme der beobachteten Unterdruckspannung nach der Luftseite der Mauer machen es wahrscheinlich, daß ein langsames Fließen einer geringfügigen Wassermenge unter der Mauer hindurch stattfindet, wobei sich die Lücken und Spalten des Mauerwerks mit Druckwasser füllen.

Die übliche Dränage der Mauer, die nur bis zur Talsohle hinabreicht, nützt gegen das Eintreten von Unterdruck im unteren Teil der Mauer, besonders in der Gründungssohle, nichts. Die Henne-, Öster- und Neyetalsperre haben sämtlich eine Dränage erhalten und sind, was die Dichtigkeit des Mauerwerks betrifft, so sorgfältig ausgeführt, daß bei gefülltem Becken die Luftseiten der drei Mauern nahezu völlig trocken sind; trotzdem herrscht in der Fundamentfuge der oben beschriebene Unterdruck. Auch die von mancher Seite empfohlenen Schächte hinter der Mauer, die etwa eintretendes Sickerwasser unschädlich abführen sollen, ohne daß es den Hauptmauerkörper berührt, haben mit der Dränage durch Sickerrohre das gemeinsam, daß sie nur den oberen Teil der Mauer schützen. Nur eine Sohlendränage ist imstande, die Druckhöhe des Unterdrucks in der Fundamentfuge herabzumindern; eine solche ist daher bei den zurzeit im Bau begriffenen Talsperren des Ruhrgebiets, der Möhne- und Listertalsperre, in Aussicht genommen (vergl. Abb. 9).

Der mit dem Entwurf einer Staumauer betraute Ingenieur kommt nach Ansicht des Verfassers nicht daran vorbei, den Unterdruck in passender Weise in die Berechnung einzuführen, wenigstens erscheint dies richtiger, als die Besorgnis wegen des Auftretens dieser neuen angreifenden Kraft mit anderweitigen ungünstigen Annahmen zu beschwichtigen, die den Kern der Sache nicht treffen, z. B. der eines unwahrscheinlich niedrigen Mauergewichts oder gar eines zu großen Wassergewichts, Vernachlässigung des Gewichtes einzelner Konstruktionsteile usw. Es fragt sich nur, in welcher Weise die Einführung geschehen soll.

Es kann als sicher angenommen werden, daß der Unterdruck keinesfalls unter der ganzen Fläche der Mauer wirkt. An allen Stellen, wo Mauerwerk und Felsfundament sich fest und dicht miteinander verbunden haben, ist kein oder nur geringer Unterdruck vorhanden. Die Größe dieser Kraft bleibt immer unbestimmt, sie ist von der Ausführung der Mauer und vor allem von der Beschaffenheit des Felsfundamentes abhängig. Ist dieses klüftig und reich an Quellen, und streichen überdies die Schichten des Felsens quer zur Längsrichtung der Mauer, mehr oder weniger gleichlaufend zur Talrichtung, so werden mit Sicherheit einzelne Teile der Sohle der Mauer von Unterdruck betroffen.

Nach den vorstehenden Erläuterungen wird eine Rechnungsweise der Wirklichkeit am nächsten kommen, bei der man annimmt, daß ein bestimmter Bruchteil der Sohlenfläche des Bauwerks Unterdruck erfährt. Ist die Sohlenbreite b, die Stauhöhe h, so ist der theoretische Höchstwert des Unterdrucks bei einer Mauer von der Länge 1 ausgedrückt durch das Produkt $b \cdot h$. Wir nehmen nun an, daß der Unterdruck nicht unter der ganzen Fläche, sondern nur unter einzelnen Teilen derselben, im übrigen gleichmäßig verteilt, vorhanden ist; der wirksame Unterdruck ist also $m \cdot b \cdot h$ zu setzen, wobei $m < 1$. Bedenkt man, daß der Porigkeitsgrad von losem Material, wie Sand, Kies, Schotter u. dergl., 0,3 bis 0,4 der ganzen Masse beträgt, so können Werte wie $m = 0{,}3$, $1/3$ oder 0,4 als genügend ungünstig für geschlossenes Mauerwerk der Berechnung zugrunde gelegt werden.

Wird der Unterdruck nur unter einzelnen Teilen der Fuge angenommen, so muß die Forderung aufrecht erhalten bleiben, daß die Drucklinie innerhalb der Kerngrenze verläuft, da sonst ein Auftrennen der Fuge und ein weiteres Anwachsen des Unterdrucks denkbar wäre. Wir gelangen damit zu der Aufgabe, das Grunddreieck ohne Zugspannungen mit Wasserdruck und einem Bruchteil des vollen Unterdrucks unter der ganzen Fugenfläche zu bestimmen.

---

11. Grunddreieck ohne Zugspannungen mit Wasserdruck und einem Bruchteil des vollen Unterdreiecks unter der ganzen Fugenfläche.

Die Bedingungsgleichung lautet (Abb. 19):

$$\frac{b}{3} = \frac{\Sigma M}{\Sigma V} = \frac{G \cdot g + A_w \cdot a_w - W \cdot w - U \cdot u}{G + A_w - U}$$

Die meisten Gewichte und Momente waren auf S. 11 und 12 angegeben. Es fehlen noch:

$$U = m \cdot b \cdot h, \quad u = \frac{b}{2}, \quad U \cdot u = \frac{m \cdot b^2 \cdot h}{2}$$

Man findet:

$$b = \frac{h}{\sqrt{\gamma \cdot (1 - n) + n \cdot (2 - n) - m}} \qquad 20)$$

Die Beziehung ist der unter 5) ähnlich; die Berücksichtigung des Unterdrucks erweist sich als rechnerisch sehr einfach. b wird ein Minimum für:

$$N = \gamma \cdot (1 - n) + n \cdot (2 - n) - m = \max.$$

Wir setzen $\frac{dN}{dn} = 0$ und finden wie früher:

$$n = \frac{2 - \gamma}{2}$$

Für $\gamma < 2$ ist $n = 0$ zu setzen, dann wird:

$$b = \frac{h}{\sqrt{\gamma - m}} \qquad 21)$$

Die Grundform einer Staumauer, die bei Auftreten eines Bruchteils des vollen Unterdrucks unter der ganzen Fugenfläche keine Zugspannungen erfahren soll, ist ein Dreieck mit lotrechter wasserseitiger Begrenzung und der Sohlenbreite $b = \frac{h}{\sqrt{\gamma - m}}$.

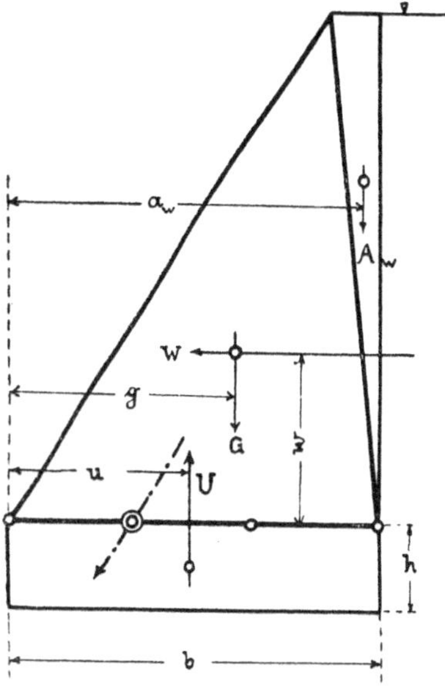

Abb. 19.

Für $m = 1$, d. h. Auftreten des vollen Unterdrucks unter der ganzen Basisfläche (Abb. 20), wird:

$$b = \frac{h}{\sqrt{\gamma - 1}} \qquad 22)$$

Die Beziehungen 20) bis 22) gelten nicht nur für gleichmäßige, d. h. rechteckige Verteilung des Unterdrucks, sondern auch für dreieck- und trapezförmige Verteilung. Es kann dies in gleicher Weise wie oben aus der Beziehung $\frac{b}{3} = \frac{\Sigma M}{\Sigma V}$ hergeleitet werden; einfacher noch aus folgender Überlegung. Für den Schnittpunkt der Resultierenden

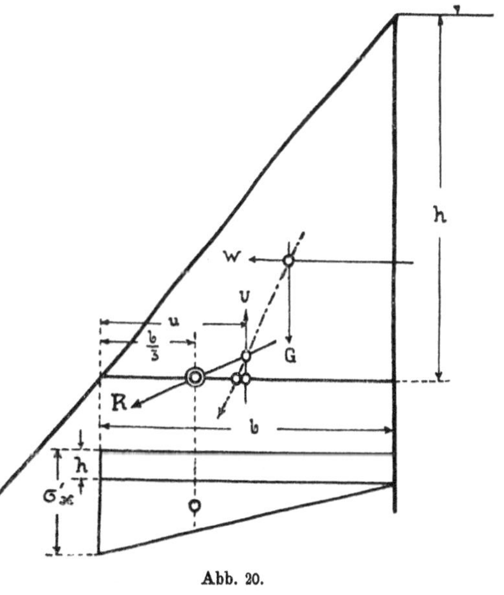

Abb. 20.

mit der Grundlinie des Dreiecks, der zugleich Kernpunkt ist, muß die Summe der Momente aller auf die Mauer einwirkenden Kräfte 0 sein. Da ferner der Hebelarm von R_1 für diesen Punkt Null ist (vergl. Abb. 1), so muß die Summe der übrigen Momente, Mauergewicht, Wasserauflast, Wasserdruck und Unterdruck, für die Kerngrenze 0 sein. Für diesen Drehpunkt sind aber die Momente des Unterdrucks bei den verschiedenen Annahmen über die Verteilung desselben gleich, denn nach Abb. 21 ist:

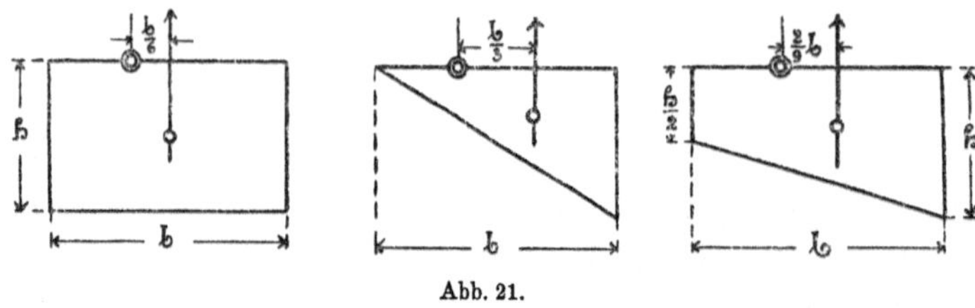

Abb. 21.

Für rechteckige Verteilung $M_u = b \cdot h \cdot \frac{b}{6} = \frac{b^2 \cdot h}{6}$

„ dreieckige „ $M_u = \frac{b \cdot h}{2} \cdot \frac{b}{3} = \frac{b^2 \cdot h}{6}$

„ trapezförmige „ $M_u = {}^3/_4 b \cdot h \cdot {}^2/_9 b = \frac{b^2 \cdot h}{6}$

Die Annahme, daß der Unterdruck nach der Luftseite abnimmt, hat also im vorstehenden Fall keine Ersparnis in den Querschnittsabmessungen zur Folge.

---

12. Grunddreieck ohne Zugspannungen mit Wasserdruck und einem Bruchteil des vollen Unterdrucks unter $^2/_3$ der Fugenfläche.

Der Fall, daß unter der ganzen Fugenbreite ein Bruchteil des vollen Unterdrucks wirkt, ist für die Sicherheit gegen Kanten um die Vorderkante der Mauer der ungünstigste, nicht aber für die Forderung des Vermeidens von Zugspannungen. Soll die Resultierende im Kern verlaufen, so ist die ungünstigste Annahme, daß Unterdruck von der Wasserseite bis zur vorderen Kerngrenze eintritt, im vorderen Drittel der Mauer dagegen nicht, denn Unterdruck im vorderen Drittel würde für den Kernpunkt als Drehpunkt entlastend wirken. Wir gelangen damit zu dem Grunddreieck ohne Zugspannungen mit Wasserdruck und einem Bruchteil des vollen Unterdrucks unter $^2/_3$ der Fugenfläche (Abb. 22).

Die Bedingungsgleichung lautet wie früher:

$$\frac{b}{3} = \frac{\Sigma M}{\Sigma V} = \frac{G \cdot g + A_w \cdot a_w - W \cdot w - U \cdot u}{G + A_w - U}$$

$$U \cdot u = m \cdot {}^2/_3\, b \cdot h \cdot {}^2/_3\, b = m \cdot {}^4/_9\, b^2 \cdot h$$

Man findet:

$$b = \frac{h}{\sqrt{\gamma \cdot (1 - n) + n \cdot (2 - n) - \frac{4}{3} m}} \qquad 23)$$

Für n = 0 wird:

$$b = \frac{h}{\sqrt{\gamma - \frac{4}{3} m}} \qquad 24)$$

b wird auch hier ein Minimum für $n = \frac{2 - \gamma}{2}$.

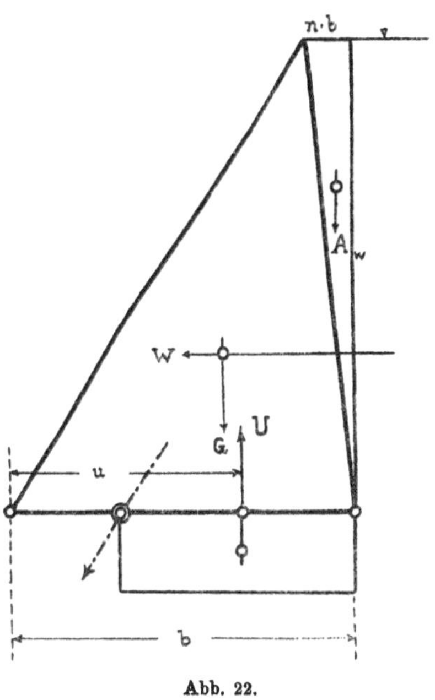

Abb. 22.

Die Beziehungen 23) und 24) gelten nur für gleichmäßige, rechteckige Verteilung des Unterdrucks; die Annahme einer dreieck- oder trapezförmigen Verteilung führt bei der Annahme, daß im vorderen Drittel kein Unterdruck wirkt, zu etwas geringeren Abmessungen.

---

13. Grunddreieck ohne Zugspannungen mit Wasserdruck, Erddruck und einem Bruchteil des vollen Unterdrucks.

Die Formeln können unter Benutzung der bisher gefundenen Beziehungen leicht angegeben werden (vgl. 11), 20) und 23)). Bei Eintreten von Unterdruck unter einzelnen Teilen der ganzen Fuge ist:

$$b = h \cdot \sqrt{\frac{1 + \frac{\mu \cdot \gamma_e}{8}}{\gamma \cdot (1 - n) + n \cdot (2 - n) + \frac{\gamma_e \cdot n}{8} \cdot (4 - n) - m}} \qquad 25)$$

Bei Eintreten von Unterdruck unter einzelnen Teilen von $^2/_3$ der Fuge ist

$$b = h \cdot \sqrt{\frac{1 + \frac{\mu \cdot \gamma_e}{8}}{\gamma \cdot (1 - n) + n \cdot (2 - n) + \frac{\gamma_e \cdot n}{8} \cdot (4 - n) - \frac{4}{3} m}} \qquad 26)$$

Die günstigste Neigung der Wasserseite bleibt für beide Fälle wie früher (vergl. 12):

$$n = \frac{8 - 4\gamma + 2\gamma_e}{8 + \gamma_e}$$

---

14. Grunddreieck mit begrenzten Normalspannungen bei vollem Unterdruck unter der ganzen Fugenfläche.

Es ist noch von Wichtigkeit, den Einfluß kennen zu lernen, den der theoretisch größte Unterdruck unter der ganzen Fugenfläche ausüben würde, denn es läßt sich immerhin der Fall denken, daß der Unterdruck auf größeren, zusammenhängenden Flächen einer Fuge seinen größten rechnungsmäßigen Wert erreicht, etwa wenn die Fuge aufgerissen oder das Gestein des Untergrundes von wagerechten Klüften durchzogen ist.

Man könnte gegen die Voraussetzung, daß eine standfeste Mauer vollen Unterdruck erfährt, einwenden, daß sie widersinnig ist, weil die Mauer abgeschoben werden müßte, wenn die Fuge aufgetrennt und das Gewicht der Mauer um die volle Größe des Unterdrucks vermindert ist. Wir machen aber die Annahme des vollen Unterdrucks wie gesagt nur für einzelne Abschnitte des ganzen Bauwerks und in erster Linie für die Fundamentfuge, wobei zu beachten ist, daß jeder wagerechte Schnitt durch das Profil an der hierfür in Betracht kommenden Stelle des Tals Fundamentfuge wird. In der Fundamentebene ist keine Gefahr des Gleitens vorhanden, weil die Mauer bei guter Ausführung gegen den Fels an der Luftseite angemauert wird, es besteht also kein Widerspruch in der Annahme, daß eine Mauer ohne zu gleiten von Unterdruck in annähernd voller rechnungsmäßiger Höhe beansprucht wird.

Bei Annahme des vollen Unterdrucks unter der ganzen Sohlenfläche kann die Forderung, daß die Resultierende innerhalb des Kerns, des inneren Drittels, verlaufen soll, nicht mehr aufrecht erhalten werden. Sie hat keinen Sinn mehr, denn der volle Unterdruck ist nur denkbar, wenn die betreffende Fuge in ihrer ganzen Breite aufgerissen, die Zugfestigkeit also schon überwunden ist. Nach Einführung des vollen Unterdrucks in die Rechnung kann nur noch gefordert werden, daß die Mauer einerseits *nicht um die Vorderkante kippt*, und daß anderseits *die Spannungen das als zulässig erachtete Maß nicht überschreiten.* Die zweite Forderung geht über die erste hinaus und schließt sie in sich, denn sie bedeutet, daß die Resultierende noch in einem solchen Abstande von der Vorderkante der Mauer bleiben muß, daß die zulässige Kantenpressung nicht überschritten wird, während bei Abmessungen, die der ersten Forderung noch gerade genügen, die Resultierende schon durch die Mauervorderkante gehen und eine unendlich große Druckspannung an dieser Stelle hervorrufen würde. Wir haben also zunächst festzustellen, welche Druckspannungen bei Auftreten des vollen Unterdrucks in der Mauervorderkante entstehen, und dann den Querschnitt so auszubilden, daß die Druckspannung die zulässige Größe nicht überschreitet. Die Aufgabe schließt sich also an die früher behandelten an, Grunddreiecke mit begrenzten Normalspannungen zu bestimmen.

Lösungen der Aufgabe, den Spannungszustand einer Staumauer bei Eintreten von Unterdruck zu ermitteln, sind bereits von *Kiel* und *Lieckfeldt* gegeben worden (vgl. Fußnote auf S. 29). *Lieckfeldt* ging von dem Drucktrapez aus, das sich unter der Einwirkung von Mauergewicht und Wasserdruck einstellen würde, und untersuchte, in welcher Weise der Druck des in die Fuge eindringenden Wassers dieses Drucktrapez verändert. Er gelangte auf diesem Wege zu einer Formel für die lotrechte Spannung bei Auftreten des vollen Unterdrucks, die richtig, aber wenig übersichtlich ist. Wir ziehen den einfacheren Weg vor, die lotrechte Kantenpressung aus den Abmessungen der Mauer und den angreifenden und widerstehenden Kräften *unmittelbar* zu bestimmen.

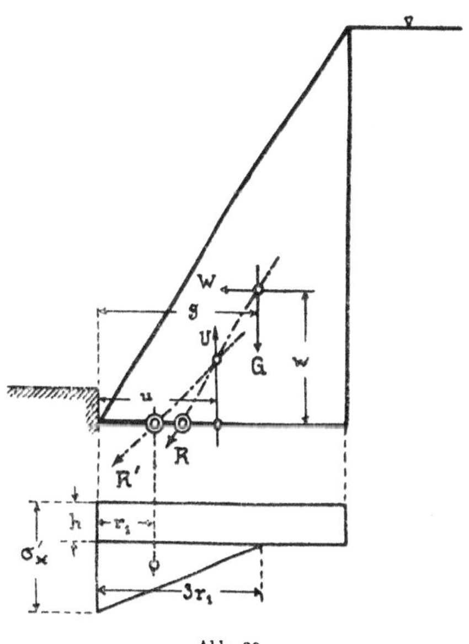

Abb. 23.

Durch die Wirkung des Unterdrucks wird die Resultierende aus der Lage R über die Kerngrenze hinaus in die Lage R′ verschoben (Abb. 23). Die lotrechte Seitenkraft von R′ ist G — U und verteilt sich, da Zugspannungen nicht möglich sind, nach einem Dreieck, dessen Schwerpunkt senkrecht unter dem Angriffspunkt von R′ liegt. Zu den von G—U hervorgerufenen Pressungen kommt der gleichmäßig verteilte Wasserdruck von der Größe h hinzu. Der Abstand r_1 des Schnittpunktes von R′ mit der Fuge ergibt sich aus der Gleichung:

$$r_1 = \frac{\Sigma M}{\Sigma V} = \frac{G \cdot g - W \cdot w - U \cdot u}{G - U}$$

Aus der dreieckförmigen Verteilung der lotrechten Druckspannungen folgt:

$$\sigma_x' - h = \frac{2 \cdot (G - U)}{3\, r_1}$$

r_1 aus der letzten Gleichung in die erste eingesetzt ergibt:

$$\sigma_x' = \frac{2 \cdot (G - U)^2}{3 \cdot (G \cdot g - W \cdot w - U \cdot u)} + h$$

Für den allgemeinsten Fall einer Mauer mit schräger wasserseitiger Begrenzung und Erdhinterfüllung ist:

$$\sigma_x' = \frac{2 \cdot (G + A_w + A_e - U)^2}{3 \cdot (G \cdot g + A_w \cdot a_w + A_e \cdot a_e - W \cdot w - U \cdot u)} + h \qquad 27)$$

Um mit Hilfe der vorstehenden Formel zu bestimmten Abmessungen der Mauer zu gelangen, muß man sich entscheiden, welche lotrechte Kantenpressung σ_x' man zulassen will. Wir greifen zu diesem Zweck auf die Spannungen zurück, die sich bei Mauern ohne Unterdruck ergeben hatten. Das von Zugspannungen freie Dreieck mit lotrechter Wand und der Sohlenbreite $\frac{h}{\sqrt{\gamma}}$ erfährt eine lotrechte Kantenpressung $\gamma \cdot h$ sowohl bei vollem als auch bei leerem Becken. Ebenso groß ist σ_x'' bei leerem Becken für ein Dreieck mit lotrechter Wand und beliebig großer Sohlenbreite (vgl. S. 13). Aus dieser Überlegung folgt, daß die Mauer auch nach Eintreten des vollen Unterdrucks keine höheren Spannungen erfahren würde, als sie üblich sind und bei lotrechter oder nahezu lotrechter Begrenzung der Wasserseite ohnehin bei leerem Becken im Querschnitt auftreten, wenn man in 27) für σ_x' den Wert $\gamma \cdot h$ einsetzt.

Man erhält:

$$\gamma \cdot h = \frac{2 \cdot (G + A_w + A_e - U)^2}{3 \cdot (G + A_w \cdot a_w + A_e \cdot a_e - W \cdot w - E \cdot e - U \cdot u)} + h \qquad 28)$$

Wir betrachten zunächst eine Mauer ohne Erdhinterfüllung. Die meisten Gewichte und Momente waren schon auf S. 11 und 12 ermittelt. Für den Unterdruck ist einzusetzen:

$$U = b \cdot h, \quad u = \frac{b}{2}, \quad U \cdot u = \frac{b^2 \cdot h}{2}$$

Nach Einführung der Gewichte und Momente ergibt sich:

$$h \cdot (\gamma - 1) = \frac{2 \cdot \left(\frac{\gamma \cdot b \cdot h}{2} + \frac{n \cdot b \cdot h}{2} - b \cdot h\right)^2}{3 \cdot \left[\frac{\gamma \cdot b^2 \cdot h \cdot (2 - n)}{6} + \frac{n \cdot b^2 \cdot h \cdot (3 - n)}{6} - \frac{h^3}{6} - \frac{b^2 \cdot h}{2}\right]}$$

$$b = h \cdot \sqrt{\frac{(\gamma - 1)}{(\gamma - 1) \cdot [\gamma \cdot (2 - n) + n \cdot (3 - n) - 3] - (\gamma + n - 2)^2}} \qquad 29)$$

b wird ein Minimum, wenn der Nenner N unter der Wurzel ein Maximum wird. Wir differenzieren nach n, setzen $\frac{dN}{dn} = 0$ und erhalten:

$$n = \frac{2\gamma + 1 - \gamma^2}{2\gamma} \qquad 30)$$

Für $\gamma = 2{,}4$ wird n nach 30) nahezu 0.

Für das Staumauerdreieck mit Erdhinterfüllung findet man in gleicher Weise:

$$b = h \cdot \sqrt{\frac{\left(1 + \frac{\mu \cdot \gamma_e}{8}\right) \cdot (\gamma - 1)}{(\gamma - 1) \cdot [\gamma \cdot (2 - n) + n \cdot (3 - n) + \frac{\gamma_e \cdot n \cdot (6 - n)}{8} - 3] - (\gamma + n + \frac{\gamma_e \cdot n}{4} - 2)^2}} \qquad 31)$$

b wird ein Minimum für:

$$n = \frac{2\gamma + 1 - \gamma^2 + {}^1\!/_4\,\gamma_e + {}^1\!/_4\,\gamma \cdot \gamma_e}{2\gamma + {}^3\!/_4\,\gamma_e + \frac{\gamma \cdot \gamma_e}{4} + \frac{\gamma_e^2}{8}} \qquad 32)$$

Für $\gamma = 2{,}4$, $\gamma_e = 0{,}8$ wird nach 32) $n = 0{,}121$.

Wenn bei hohen Staumauern die Spannung $\gamma \cdot h$ an der Luftseite nicht mehr zugelassen werden kann, so ist in 28) für die lotrechte Kantenpressung an der Luftseite bei vollem Becken zur Erreichung der angestrebten Kantenpressung statt $\gamma \cdot h$ ein solches Vielfaches y von h einzusetzen, daß $y \cdot h$ den zulässigen Wert σ_x ergibt. Ist beispielsweise $h = 60$ m und die zulässige Spannung 12 kg/qcm oder 120 t/qm, so ist $y \cdot h = 120$, $y = 2$, und in die Formeln 29) und 31) ist zur Bestimmung von b statt γ die Zahl 2 einzusetzen.

---

15. Größe und Verteilung der Schubspannungen.

Wir folgen im Nachstehenden zunächst wörtlich den Untersuchungen Mohrs*).

„An der von der Luft berührten Mauerfläche begrenzen wir das Prisma H M N (das im Abstand y unter dem Wasserspiegel liegt) durch die wagrechte Fläche M N von der unendlich kleinen Größe 1 und die lotrechte Fläche M H von der Größe tg φ. Da die Mauerfläche H N keine Kräfte aufnimmt und das Gewicht des Prismas gegen die übrigen Kräfte verschwindet, so kommen nur die vier in Abb. 24 eingetragenen Kräfte σ_x, τ_x, $\sigma_y \cdot \text{tg}\,\varphi$ und $\tau_y \cdot \text{tg}\,\varphi$ in Betracht, deren Gleichgewicht fordert:

*) Der Spannungszustand einer Staumauer von Prof. O. Mohr, Dresden; Zeitschr. d. österreich. Ingenieur- u. Architektenvereins, Nr. 40 und 41, 1908.

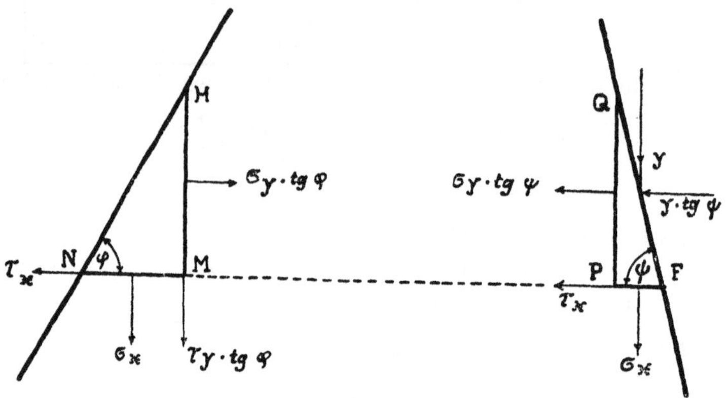

Abb. 24.

$$0 = \tau_x - \sigma_y \cdot \mathrm{tg}\,\varphi \qquad 33)$$
$$0 = \sigma_x + \tau_y \cdot \mathrm{tg}\,\varphi \qquad 34)$$
$$0 = \tau_x + \tau_y \qquad 35)$$

An der vom Wasser berührten Mauerfläche wird das Prisma F P Q begrenzt durch die wagrechte Fläche F P von der unendlich kleinen Größe 1 und die lotrechte Fläche P Q von der Größe tg ψ. Da die Ordinate des Punktes F mit y bezeichnet wird, so hat die Mauerfläche F Q den lotrechten Wasserdruck y und den wagrechten Wasserdruck y · tg ψ aufzunehmen. Außerdem wirken auf das Prisma die vier Kräfte σ_x, τ_x, $\sigma_y \cdot \mathrm{tg}\,\psi$, $\tau_y \cdot \mathrm{tg}\,\psi$, die im Sinne der positiven Spannungen in die Abb. 24 eingetragen sind. Das Gleichgewicht der sechs Kräfte fordert:

$$0 = \tau_x + \sigma_y \cdot \mathrm{tg}\,\psi + y \cdot \mathrm{tg}\,\psi \qquad 36)$$
$$0 = \sigma_x - \tau_y \cdot \mathrm{tg}\,\psi + y \qquad 37)$$
$$0 = \tau_x + \tau_y \qquad 38)$$

Die zwischen den vier unbekannten Spannungen σ_x, τ_x, σ_y und τ_y aufzustellenden Beziehungen sind durch die vorstehenden drei*) Gleichgewichtsgruppen erschöpft. Da jede Gruppe drei Gleichungen mit vier Unbekannten enthält, so ist die Ermittelung der Spannungszustände eine statisch unbestimmte Aufgabe. Um sie statisch bestimmt zu machen, muß eine, aber nicht mehr als eine der vier Spannungen gegeben sein oder willkürlich angenommen werden“. (Mohr, Sonderabdruck S. 6—7.)**)

Für die Druckspannungen σ_x wird eine geradlinige Begrenzung der Spannungsfigur vorausgesetzt (Trapezgesetz; vgl. S. 9). Unter

*) Die von Mohr aufgestellte dritte Gruppe bezieht sich auf das Innere der Mauer und kommt hier nicht in Frage.

**) Vgl. auch die Lösung der gleichen Aufgabe durch Th. Schäffer, Zentralblatt der Bauverwaltung 1906, S. 432, II.

Benutzung der Gleichgewichtbedingungen 34) und 35) und 37) und 38) sowie der weiteren Bedingung, daß die Summe der Schubspannungen einer wagerechten Ebene der Summe der angreifenden wagerechten Kräfte oberhalb dieser Ebene gleich sein muß, kann die Größe und Verteilung der Schubspannungen τ_x festgestellt werden. Die Druckspannungen σ_y der lotrechten Ebenen werden später untersucht werden; die Schubspannungen τ_y der lotrechten Ebenen sind bekanntlich den Schubspannungen τ_x der wagerechten Ebenen entgegengesetzt gleich (vgl. 36) und 39).

Aus 34) und 35) folgt für die Luftseite der Mauer:

$$\boxed{\tau_x' = \frac{\sigma_x'}{\operatorname{tg}\varphi}} \qquad 39)$$

und aus 37) und 38) für die Wasserseite:

$$\tau_x'' = \frac{-(\sigma_x'' + y)}{\operatorname{tg}\psi}$$

oder, wenn man die σ_x als positiv ansieht und für y wie bisher die Druckhöhe h einsetzt:

$$\boxed{\tau_x'' = \frac{h - \sigma_x''}{\operatorname{tg}\psi}} \qquad 40)$$

Um ein Bild über die Verteilung der Schubspannungen zu gewinnen, betrachten wir zunächst solche Staumauerdreiecke, bei denen die Verteilung der σ_x nach einem Dreieck erfolgt, deren Breite b sich also aus 5) bestimmt. Man findet für Fall I (Abb. 25):

$$b = \frac{h}{\sqrt{\gamma}}$$

$$\sigma_x' = \gamma \cdot h$$

$$\sigma_x'' = 0$$

$$\tau_x' = \frac{\gamma \cdot h \cdot b}{h} = \gamma \cdot b = \frac{\gamma \cdot h}{\sqrt{\gamma}} = h \cdot \sqrt{\gamma}$$

$$\tau_x'' = 0.$$

Einen dritten Punkt der Darstellung der τ_x liefert die Bedingung des Gleichgewichts der wagerechten Kräfte; die Fläche der Darstellung der Schubspannungen muß dem Wasserdruck $W = \frac{h^2}{2}$ gleich sein. Hieraus folgt, daß der Mittelwert der Schubspannung $\tau_m = \frac{h^2}{2\,b}$ sein muß, d. h. $\tau_m = \frac{h \cdot \sqrt{\gamma}}{2}$. Ebenso groß ist der Mittelwert von τ_x' und τ_x'', d. h. die Darstellung der τ_x ist ein Dreieck. Die Schubspannung erreicht ihren größten Wert an der Luftseite.

Für Fall II ist:

$$b = h$$

$$\sigma_x' = h \cdot (\gamma + 1)$$

$$\sigma_x'' = 0$$
$$\tau_x' = 0$$
$$\tau_x'' = h$$

Weiter ist $\tau_m = \frac{h^2}{2\,b} = \frac{h}{2}$, also gleich dem Mittelwert von τ_x' und τ_x'', d. h. die Schubspannungen verteilen sich auch hier nach einem Dreieck; τ_x erreicht aber seinen größten Wert an der Wasserseite.

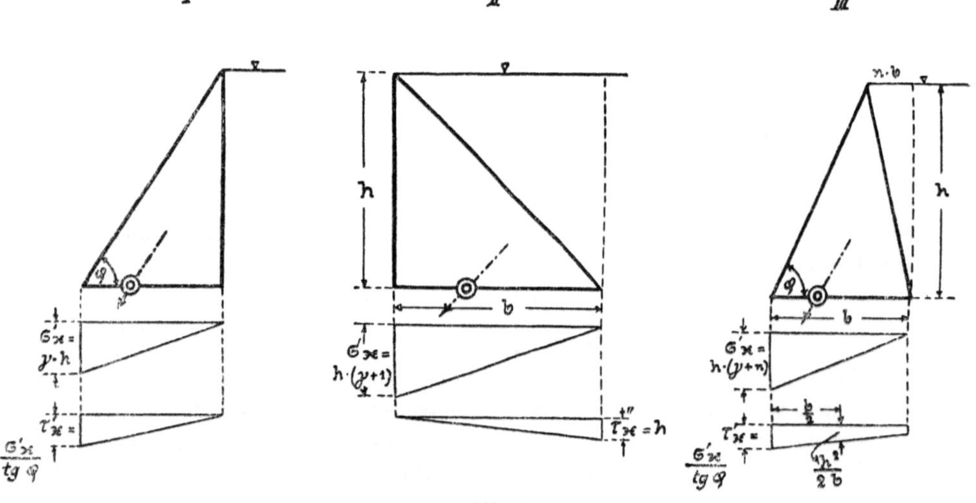

Abb. 25.

Für Fall III ist:

$$b = \frac{h}{\sqrt{\gamma\cdot(1-n)+n\cdot(2-n)}} = \frac{h}{\sqrt{\gamma - n\cdot\gamma + 2\,n - n^2}}$$
$$\sigma_x' = h\cdot(\gamma + n)$$
$$\sigma_x'' = 0$$
$$\tau_x' = \frac{h\cdot(\gamma+n)\cdot(1-n)\cdot b}{h} = b\cdot(\gamma+n)\cdot(1-n)$$
$$\tau_x'' = \frac{h\cdot n\cdot b}{h} = n\cdot b$$
$$\frac{\tau_x' + \tau_x''}{2} = \frac{b\cdot[(\gamma+n)\cdot(1-n)+n]}{2} = \frac{b\cdot(\gamma - n\cdot\gamma + 2\,n - n^2)}{2}$$
$$\tau_m = \frac{h^2}{2\,b} = \frac{b\cdot(\gamma - n\cdot\gamma + 2\,n - n^2)}{2}$$

τ_m ergibt sich gleich $\frac{\tau_x' + \tau_x''}{2}$, d. h. die Schubspannungen verteilen sich nach einem Trapez.

Sollen die Werte von τ_x' und τ_x'' gleich sein, also eine rechteckige Verteilung der Schubspannungen eintreten, womit gleichzeitig erreicht wird, daß der größte Wert von τ_x **möglichst klein** bleibt, so setze man

$$b \cdot (\gamma + n) \cdot (1 - n) = n \cdot b$$

$$n = -\frac{\gamma}{2} + \sqrt{\frac{\gamma^2 + 4\gamma}{4}} \tag{41}$$

Für $\gamma = 2{,}4$ wird $n = 0{,}76$ (vgl. Abb. 28).

Die Anordnung einer stark geneigten wasserseitigen Begrenzung ist ein Mittel, die Schubspannungen τ_x an der Luftseite herabzumindern.

Wir betrachten nunmehr ein Staumauerdreieck mit **trapezförmiger** Verteilung der Normalspannungen σ_x. Es ist nach 14) und 15):

$$\sigma_x' = \frac{h^3}{b^2} + h \cdot n \cdot (\gamma + n - 1)$$

$$\sigma_x'' = h \cdot (\gamma + 2n - n \cdot \gamma - n^2) - \frac{h^3}{b^2}$$

$$\tau_x' = \left[\frac{h^3}{b^2} + h \cdot n \cdot (\gamma + n - 1)\right] \cdot \frac{(1-n) \cdot b}{h}$$

$$\tau_x' = \frac{h^2}{b} \cdot (1 - n) + n \cdot (1 - n) \cdot (\gamma + n - 1) \cdot b \tag{42}$$

$$= \frac{h^2}{b} \cdot (1 - n) + b \cdot (n \cdot \gamma + 2n^2 - n - n^2 \cdot \gamma - n^3)$$

$$\tau_x'' = \left[h - h \cdot (\gamma + 2n - n \cdot \gamma - n^2) + \frac{h^3}{b^2}\right] \cdot \frac{n \cdot b}{h}$$

$$= b \cdot (n - n \cdot \gamma - 2n^2 + n^2 \cdot \gamma + n^3) + \frac{h^2}{b} \cdot n$$

$$\frac{\tau_x' + \tau_x''}{2} = \frac{h^2}{2b}$$

$$\tau_m = \frac{h^2}{2b}$$

Auch hier ergibt sich $\tau_m = \frac{\tau_x' + \tau_x''}{2}$, d. h. die Darstellung der Schubspannungen ist ein **Trapez**.

Wir können nunmehr das Gesetz aussprechen:

Bei einer Staumauer von dreieckigem Querschnitt verteilen sich die Schubspannungen über die wagerechten Ebenen nach geradlinigen Gesetzen, und zwar je nach der Verteilung der Normalspannungen nach einem Dreieck, Rechteck oder Trapez.

---

16. Drucklinie und Normalspannungen der lotrechten Ebenen.

Wir betrachten einen Mauerkörper A B C (Abb. 26) und führen den lotrechten Schnitt HK. Die Erhaltung des Gleichgewichts erfordert, daß man in HK zwei Kräfte wieder anbringt, eine Schubkraft $T = A_1 - G_1$ und eine wagerechte Kraft $W_1 = S_1 = W_0 - S_2$. Der Angriffspunkt von W_1 ist unbekannt. Wir stellen die Momentensumme für den Punkt K auf und erhalten:

$$0 = A_1 \cdot 1 - G_1 \cdot \frac{BK}{3} - W_1 \cdot w_1$$

$$w_1 = \frac{A_1 \cdot 1 - G_1 \cdot \frac{BK}{3}}{W_1}$$

$$\boxed{w_1 = \frac{\Sigma M}{\Sigma H}} \qquad 43)$$

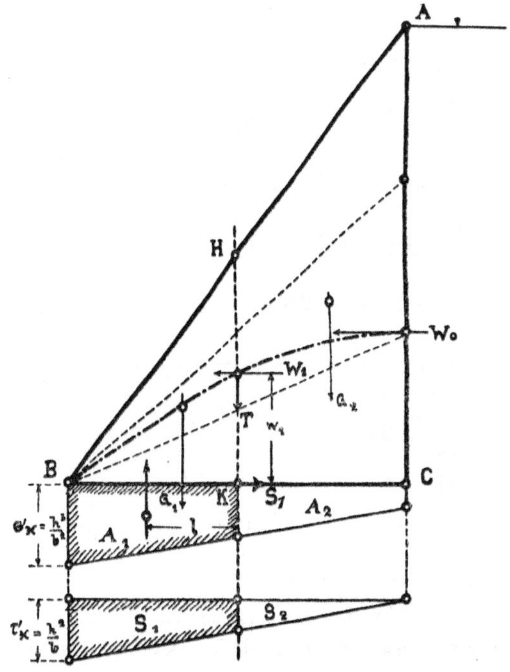

Abb. 26.

Bei bekannter Verteilung der Schubkraft kann die Drucklinie der lotrechten Ebenen in ganz gleicher Weise wie die der wagerechten Ebenen bestimmt werden (vgl. 1) auf S. 9)*).

*) Verfasser hat diese Rechnungsweise mit gleichen Bezeichnungen im Centralblatt der Bauverwaltung 1906 S. 268 angegeben und sie in Gegensatz zu der Berechnung der Drucklinie und der Normalspannungen der lotrechten Ebenen gestellt, die von den beiden englischen Ingenieuren Atcherley und Pearson

Für ein Staumauerdreieck mit geneigter Wasserseite ist der Abstand des Druckmittelpunktes vom Punkte K für einen lotrechten Schnitt rechts von der Spitze wie folgt zu bestimmen (Abb. 27):

$$w_1 = \frac{\Sigma M}{\Sigma H}$$

$$w_1 = \frac{A \cdot a - G_1 \cdot g_1 - G_2 \cdot g_2 - A_w \cdot a_w - W_2 \cdot w_2}{S_1 - W_2}$$

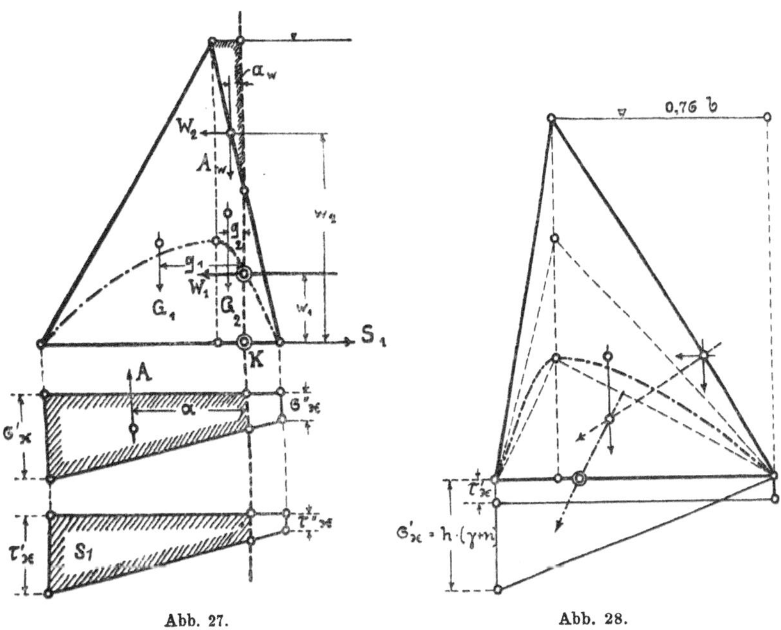

Abb. 27. Abb. 28.

Es ergibt sich, daß die Drucklinie der lotrechten Ebenen sowohl bei dreieck- als auch bei trapezförmiger oder rechteckiger Verteilung der Schubspannungen der wagerechten Ebenen im inneren Drittel der lotrechten Ebenen verläuft, daß also keine Zugspannungen in den lotrechten Ebenen des dreieckigen Staumauerkörpers auftreten (Abb. 27 und 28). Die Drucklinie ist eine parabolische Linie; sie

in ihrer bekannten Veröffentlichung „On some disregarded points in the stability of masonry dams" angegeben worden war, da er diese für unrichtig hielt. Inzwischen hat er sich davon überzeugt, daß die von A. und P. angewandte Rechnungsweise richtig war und mit gleichen Voraussetzungen zum gleichen Ergebnis führt wie die oben angegebene Berechnung; die auffallenden Zahlenwerte, die die beiden englischen Forscher gefunden hatten, sind auf ihre nicht aufrecht zu erhaltenden Voraussetzungen über die Verteilung der Schubspannungen in den wagerechten Ebenen zurückzuführen.

schneidet die Lotrechte durch die Spitze des Dreiecks im Drittelpunkt rechtwinklig, da die Normalspannung in Höhe des Wasserspiegels, in der Spitze des Dreiecks, gleich 0 ist. Bei einem Staumauerdreieck mit lotrechter wasserseitiger Begrenzung fällt der rechtsseitige abfallende Ast der Drucklinie fort und diese schneidet die lotrechte Wasserseite im Drittelpunkt unter rechtem Winkel (Abb. 26). Die Druckspannungen σ_y verteilen sich nach einem Trapez, in der Lotrechten durch die Spitze des Staumauerdreiecks nach einem Dreieck: sie sind, was ihre Größe betrifft, ohne Bedeutung. Für $n = 0$, d. h. ein Dreieck mit lotrechter Wasserseite, ist nach 16) und 33) bis 35):

$$\sigma_x' = \frac{h^3}{b^2}$$

$$\tau_x' = \frac{\sigma_x'}{\operatorname{tg}\varphi} = \sigma_x' \cdot \frac{b}{h} = \frac{h^2}{b} \tag{44}$$

$$\sigma_y' = \frac{\tau_x'}{\operatorname{tg}\varphi} = \tau_x' \cdot \frac{b}{h} = h \tag{45}$$

17. Die Hauptspannungen.

Bei der Bestimmung der Hauptspannungen ist zu unterscheiden zwischen den Hauptspannungen einer wagerechten Fundamentebene und denen des unbegrenzten Mauerkörpers.

Für die Luftseite einer wagerechten Fundamentebene ist nach 39) und Abb. 29:

$$\tau_x' = \frac{\sigma_x'}{\operatorname{tg}\varphi}$$

$$\sigma' = \sqrt{\sigma_x'^2 + \tau_x'^2}$$

$$\boxed{\sigma' = \frac{\sigma_x'}{\sin\varphi}} \tag{46}$$

An der Wasserseite ist nach 40):

$$\sigma_x'' = \frac{h - \sigma_x''}{\operatorname{tg}\psi}$$

$$\sigma'' = \sqrt{\sigma_x''^2 + \tau_x''^2} \tag{47}$$

Die Darstellung der Hauptspannungen in einer Fundamentebene ergibt ein Viereck mit nicht parallelen Seiten. Eine Probe der Berechnung der Normalspannungen, Schubspannungen und Hauptspannungen bietet die Gleichgewichtbedingung, daß die Schlußkraft aller auf die Mauer einwirkenden Kräfte durch den Schwerpunkt der Darstellung der Hauptspannungen hindurchgehen muß (Abb. 29).

Für die Ermittelung der Hauptspannungen im **unbegrenzten** Mauerkörper ziehe man $\overline{AB}$ senkrecht zur luftseitigen Maueraußenfläche und

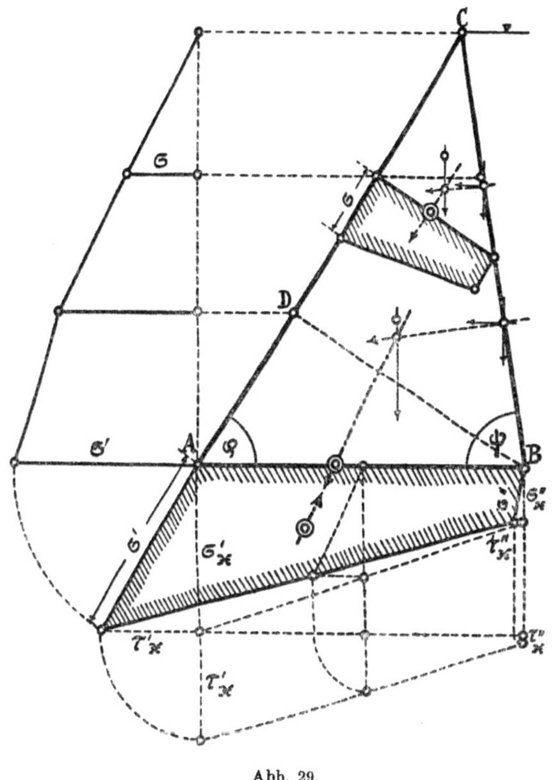

Abb. 29.

bilde das unendlich kleine, als gewichtlos zu betrachtende Mauerelement ABC (Abb. 30)*).

Es ist:

$$\sigma \cdot \overline{AB} = \sigma_1 \cdot \overline{AC} = \frac{\sigma_1 \cdot \overline{AB}}{\sin \varphi}$$

$$\sigma = \frac{\sigma_1}{\sin \varphi}$$

Zerlegt man $\sigma_1 \cdot \overline{AC}$ in seine beiden Seitenkräfte $\sigma_x' \cdot \overline{AC}$ und $\tau_x' \cdot \overline{AC}$, so ist $\sigma_1 = \frac{\sigma_x'}{\sin \varphi}$, mithin:

$$\boxed{\sigma = \frac{\sigma_x}{\sin^2 \varphi}} \; {}^{**)} \qquad 48)$$

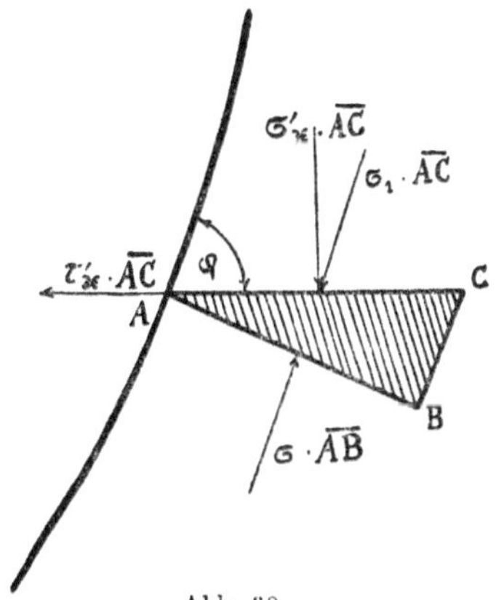

Abb. 30.

*) Lévy, a. a. O. S. 7.

**) Kreuter a. a. O. S. 16. Platzmann a. a. O. S. 10—12.

Ferner ist $\tau_x = \sigma_1 \cdot \cos\varphi = \sigma \cdot \sin\varphi \cdot \cos\varphi = \frac{\sigma}{2} \cdot \sin 2\varphi$. τ_x wird ein Maximum für $\sin 2\varphi = 1$, $\varphi = 45^0$, nämlich:

$$\boxed{\tau = \frac{\sigma}{2}} \tag{49}$$

Die größte Schubspannung in einem Punkte der Außenfläche der unbegrenzten Staumauer ist gleich der Hälfte der Hauptdruckspannung und tritt in den beiden Ebenen auf, die um 45^0 gegen die Maueraußenfläche geneigt sind.

Die Hauptspannungen in der Außenfläche einer dreieckigen Staumauer nehmen von der Krone an bis zum Punkt D in der Ebene $\overline{DB}$ durch den Fußpunkt der Wasserseite nach dem Gesetz $\sigma = \frac{\sigma_x'}{\sin^2\varphi}$

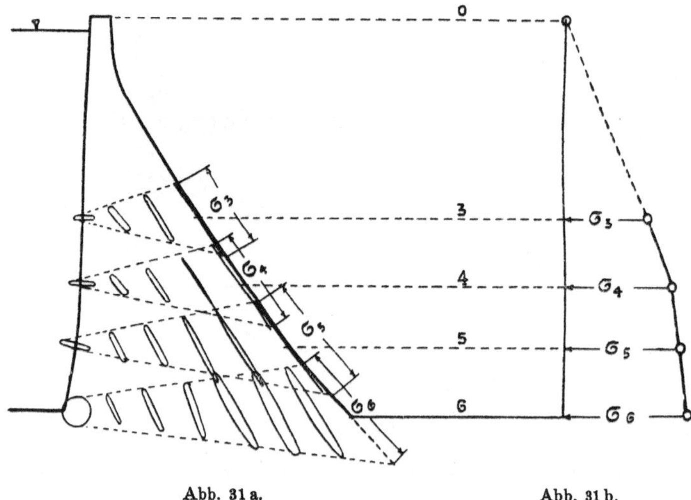

Abb. 31 a. Abb. 31 b.

gleichmäßig zu; von D an bis zum Fußpunkt A ist die Zunahme langsamer; in A ist die Hauptspannung $\sigma = \frac{\sigma_x'}{\sin\varphi}$ (Abb. 29). Dies Verhalten der Hauptspannungen ist leicht zu erklären: Unterhalb der Ebene $\overline{DB}$ nimmt das Mauergewicht noch zu, der Wasserdruck dagegen nicht mehr, da er für die Ebene $\overline{DB}$ bereits seinen größten Wert erreicht hat.

Die vorstehend vertretene Anschauung über die ungleichmäßige Zunahme der Hauptspannungen in der Maueraußenfläche wird durch die Modellversuche von Wilson und Gore*) bestätigt. Abb. 31 a

*) J. S. Wilson and Gore: Stresses in dams. An experimental investigation by means of India rubber Models. Engg. vol. 80 (1905) p. 134 and Min. of proc. Inst. C. E. session 1907—1908.

ist eine teilweise Wiedergabe der Figur 13 (Plan 5) der Veröffentlichung „Stresses in dams". Die Längsachsen der Spannungsellipsen geben die durch den Modellversuch gefundenen Hauptspannungen an. Stellt man die Hauptspannungen in der Maueraußenfläche zeichnerisch dar (Abb. 31b), so zeigt sich, daß sie von 4—6 langsamer zunehmen, als von 0—4.

Die größte, also maßgebende Hauptspannung einer Staumauer bleibt die an der luftseitigen Vorderkante der Fundamentfuge des höchsten Querschnitts: $\sigma = \frac{\sigma_x'}{\sin\varphi}$.

---

18. Grunddreieck mit begrenzten Hauptspannungen.

Die Hauptspannung in der Fundamentebene bei vollem Becken war nach 46):

$$\sigma' = \frac{\sigma_x'}{\sin\varphi}$$

Nun ist nach 14):

$$\sigma_x' = \frac{h^3}{b^2} + h \cdot n \cdot (\gamma + n - 1)$$

$$\sin\varphi = \frac{h}{\sqrt{h^2 + (1-n)^2 \cdot b^2}}$$

mithin:

$$\sigma' = \left[\frac{h^2}{b^2} + n \cdot (\gamma + n - 1)\right] \cdot \sqrt{h^2 + (1-n)^2 \cdot b^2} \qquad 50)$$

Die lotrechte Kantenpressung und gleichzeitig die Hauptspannung bei leerem Becken war nach 13):

$$\sigma'' = \gamma \cdot h \cdot (1 - n)$$

Soll die Hauptspannung eine bestimmte Größe nicht überschreiten, so ist zunächst aus $\sigma'' = \gamma \cdot h \cdot (1 - n)$ die Neigung der Wasserseite zu ermitteln, danach die erforderliche Basisbreite aus 50).

---

19. Anwendung der Rechnungsergebnisse.

Man ist bisher bei der Berechnung von Staumauern, wenn man nicht rein empirisch, meist auf zeichnerischem Wege, zu passenden Querschnitten zu gelangen suchte, von dem Dreieck mit der Sohlenbreite $b = \frac{h}{\sqrt{\gamma}}$ ausgegangen. Dieses verbindet folgende Eigenschaften: Die Drucklinie bei vollem und leerem Becken verläuft in der Kerngrenze, und die lotrechten Kantenpressungen bei vollem und leerem Becken sind gleich. Dieses Grunddreieck kann aber nur bis zu einer verhältnismäßig geringen Höhe verwendet werden, da sonst infolge der Einwirkung des Gewichts der Mauerkrone Zugspannungen an der Luftseite entstehen; demnach ist die Wasserseite zu neigen und das Grunddreieck ohne Zugspannungen, wenn man von einer Erdhinterfüllung absieht, aus 5) zu ermitteln:

$$b = \frac{h}{\sqrt{\gamma \cdot (1 - n) + n \cdot (2 - n)}}$$

Diese Beziehung liefert die Mindestbreite, die eine Staumauer mit geneigter Wasserseite in der Fundamentfuge haben muß. Man hat sich aber in der Ausführung verhältnismäßig selten mit dieser Breite begnügt, sondern meistens größere Abmessungen gewählt. Diese Vorsicht war begründet, denn nach Ansicht des Verfassers muß mit der Möglichkeit gerechnet werden, daß unter einzelnen Teilen der wagerechten Fugen, besonders wenn sie Fundamentfuge werden, Unterdruck auftreten kann. Der ungünstigste Fall ist der, daß von der Wasserseite an unter $^2/_3$ der Fuge sich Unterdruck in rechteckiger Verteilung einstellt, während das luftseitige Drittel von Unterdruck frei bleibt. Demnach ist das Grunddreieck einer Staumauer so zu bemessen, daß bei Eintreten eines als möglich zu betrachtenden Teiles des vollen Unterdrucks unter $^2/_3$ der Fuge keine Zugspannungen entstehen, also nach 23):

$$b = \frac{h}{\sqrt{\gamma \cdot (1 - n) + n \cdot (2 - n) - \frac{4}{3} m}}$$

Hierin bedeutet m denjenigen Bruchteil der Fugenfläche, den man als von Unterdruck beansprucht ansehen will; $m = 0{,}3$ bis $0{,}4$ dürften zweckmäßige Annahmen sein.

Wollte man zur größten Sicherheit noch weiter gehen und die Annahme des vollen Unterdrucks unter der ganzen Fugenfläche machen, so wäre es widersinnig, dann noch die Forderung zu erheben, daß keine Zugspannungen auftreten sollen, da der volle Unterdruck nur bei klaffender, schon aufgetrennter Fuge denkbar ist; es genügt vielmehr die Erfüllung der Bedingung, daß die übliche Beanspruchung des Mauerwerks auch in diesem ungünstigsten Fall noch innegehalten wird. Das Grunddreieck wäre dann nach 29) auszubilden:

$$b = h \cdot \sqrt{\frac{(\gamma - 1)}{(\gamma - 1) \cdot [\gamma \cdot (2 - n) + n \cdot (3 - n) - 3] - (\gamma + n - 2)^2}}$$

Die drei angegebenen Beziehungen genügen zur Ermittelung der Grunddreiecke von kleinen und mittleren Staumauern. Die Neigung der Wasserseite bestimmt man, solange die Druckspannungen gering bleiben, aus praktischen Rücksichten, indem man von der Lotrechten, d. h. der Begrenzung des Grunddreiecks mit geringstem Materialaufwand, nur soviel abweicht, als die Rücksicht auf die Vermeidung von Zugspannungen an der Luftseite einerseits und das Anlehnen der Verblendung an der Wasserseite an den Hauptmauerkörper anderseits erfordern. Es war auf S. 19 u. 20 schon angegeben, daß Abweichungen von $^1/_{30}$ bis $^1/_{20}$ von der Lotrechten für Mauern mit steiler Wasserseite passend sind.

Bei größerer Höhe müssen die Spannungen berücksichtigt werden. Sobald die lotrechten Druckspannungen σ_x der nach den vorstehenden Angaben berechneten Grunddreiecke die zulässige Größe zu überschreiten beginnen, werden die Formeln 13) und 14) maßgebend, in denen für σ_x die zulässige Kantenpressung einzusetzen ist:

$$\sigma_x'' = \gamma \cdot h \cdot (1 - n) \text{ (leeres Becken)},$$

$$\sigma_x' = \frac{h^3}{b^2} + h \cdot n \cdot (\gamma + n - 1) \text{ (gefülltes Becken)}.$$

Außer den Druckspannungen sind auch die Schubspannungen zu berücksichtigen. Sie können aus 39) bestimmt werden:

$$\tau_x' = \frac{\sigma_x'}{\operatorname{tg} \varphi}$$

oder unmittelbar aus 42):

$$\tau_x' = \frac{h^2}{b} \cdot (1 - n) + n \cdot (1 - n) \cdot (\gamma + n - 1) \cdot b$$

Die Schubspannungen sind besonders bei hohen Mauern noch wichtiger als die Druckspannungen, weil sie sich viel rascher der zulässigen Grenze nähern. Man kann die Schubfestigkeit guten Zementbetons zu etwa 35 kg/qcm annehmen und könnte demnach wohl auch bei gutem Bruchsteinmauerwerk mit $\tau_x = 7$ kg/qcm fünffache Sicherheit erwarten, also eine Schubspannung von dieser Größe noch als zulässig ansehen. Die Hauptschubspannungen τ sind zwar noch größer als die τ_x, indessen hält Verfasser bei Bruchsteinmauerwerk doch die τ_x für wichtiger, da die Ebenen der Hauptschubspannungen, die um 45° gegen die Maueraußenfläche geneigt sind, die Lagerfugen des Mauerwerks schräg schneiden und mehr die Steine als die Mörtelfugen treffen, während die τ_x in der Fundamentfuge mit der Richtung der Lagerfugen zusammenfallen, die gegen Schub am wenigsten widerstandsfähig sind. Bei Betonmauern sind natürlich die Hauptschubspannungen τ maßgebend.

Bei ausgeführten Staumauern ist die Schubbeanspruchung von 7 kg/qcm bereits erheblich überschritten worden. Beispielsweise hat der Fuß der Urfttalsperre bei einer Neigung von etwa 45° rund 10 kg/qcm lotrechte Druckspannung, demnach ist die Schubspannung $\tau_x' = \frac{\sigma_x'}{\operatorname{tg} \varphi}$ bei $\varphi = 45°$ ebensogroß wie die Druckspannung, also 10 kg/qcm. Man hat eben bei den älteren Staumauerberechnungen die Größe der Schubspannungen nicht festgestellt und sich darauf verlassen, daß die Reibung des Mauerwerks auf der Gründungsfläche ausreichend sei, die wagerechten Kräfte aufzunehmen. Es darf allerdings angenommen werden, daß diese der Standsicherheit nicht erst dann zu Hilfe kommt, wenn die Schubfestigkeit bereits überwunden ist, sondern die Schubbeanspruchung schon vorher herabmindert. Da aber hierüber nichts Sicheres bekannt ist, so bleibt es wichtig, die Größe der Schubspannungen zu beschränken, was bedingt, daß die Luftseite der Mauer nicht stark geneigt, sondern verhältnismäßig steil ausgebildet wird; die früher üblichen, oft sehr flachen Fußverbreiterungen der Staumauern sind für die Schubspannungen nicht günstig.

Außerdem sollte man auch bei der Ausführung der Staumauern die Maßregeln nicht außer acht lassen, die ein Gleiten des Bauwerks auf der Sohle verhindern. Solche sind das Anmauern des Mauerfußes gegen den Felsen an der Luftseite, das wiederum nur dann in ausreichendem Maße geschehen kann, wenn die Mauer genügend tief in den festen Felsen eingelassen wird, ferner die Anordnung schräger oder gekrümmter, gegen die Luftseite ansteigender Fugen. Man kann sich an einfachen Modellen aus Steinblöcken ohne Mörtel leicht überzeugen, daß Mauerwerk mit schräg ansteigenden oder gekrümmten Lagerfugen unter Wasserdruck weit standsicherer ist, als solches mit wagerechten Fugen.

Wenn die Grenze der zulässigen Schubspannung gewählt ist, so ist damit zugleich ein Anhalt für die äußerste Größe der zulässigen Druckbeanspruchung gegeben. Nach 49) ist die Hauptschubspannung halb so groß wie die Hauptdruckspannung, und dieser Zusammenhang legt es nahe, auch die lotrechte Druckspannung eines Punktes der wagerechten Ebenen nicht größer werden zu lassen, als das Doppelte der Schubspannung desselben Punktes, d. h. das zulässige σ_x nicht größer als $2\,\tau_x$ zu wählen. Will man also die Schubspannung $\tau_x = 7$ kg/qcm noch zulassen, so würde $\sigma_x = 14$ kg/qcm der äußerste Wert der zulässigen lotrechten Druckspannung sein. Es steht natürlich nichts im Wege, das zulässige σ_x kleiner als $2\,\tau_x$ zu wählen. Dieser Fall tritt u. a. ein, wenn σ_x mit Rücksicht auf die geringe Tragfähigkeit eines weniger günstigen Felsfundaments verhältnismäßig niedrig bleiben soll.

Wenn die zulässige Größe von σ_x und τ_x, also auch das Verhältnis beider, festgelegt ist, so ist damit schon die Neigung der Luftseite der Mauer gegeben, da $\frac{\sigma_x'}{\tau_x'} = \operatorname{tg}\varphi = \frac{h}{(1-n)\cdot b}$ bekannt ist. Wählt man das zulässige σ_x' doppelt so groß wie τ_x', so ist die Luftlinie der Mauer im Verhältnis 2 : 1 geneigt, bei $\sigma_x < 2\,\tau_x$ ist die Neigung flacher.

Nach Wahl einer Grenze für die Druck- und für die Schubspannung wird das Grunddreieck einer Staumauer von gegebener Höhe eine ganz bestimmte Figur, die sich leicht berechnen läßt. Ermittelt man nun solche Grunddreiecke für verschiedene Höhen, so decken sich zwar die Luftseiten dieser Dreiecke, nicht aber die Wasserseiten, denn es ist notwendig, die Neigung der Wasserseite bei wachsender Höhe immer mehr zu vergrößern, damit die zulässige Druck- und Schubspannung nicht überschritten wird. Die bisher übliche Verbreiterung des Mauerfußes von der Höhe an, in der die zulässige Kantenpressung erreicht wird, führt nicht zum Ziel, denn man gelangt durch diese Anordnung zu unzulässigen Schubspannungen; solche Fußverbreiterungen der Staumauern sind wie gesagt nicht zweckmäßig.

Das einzige Mittel, bei sehr großen Mauerhöhen die Schubspannungen in den zulässigen Grenzen zu halten, bleibt unter diesen Umständen die Anordnung von Dreieckquerschnitten mit verschiedener Neigung der Wasserseite. In den höchsten Querschnitten ist die Abweichung von der Lotrechten am größten, bei abnehmender Höhe gehen die steiler werdenden Neigungen allmählich ineinander über, so daß die Wasserseite der Mauer im Bereich der höheren Querschnitte eine windschiefe Fläche bildet. Abgesehen davon, daß sich die Aufgabe der Berechnung einer hohen Mauer mit begrenzten Schubspannungen nicht anders lösen läßt, hat man bei dieser bis heute noch ungewöhnlichen Anordnung mehrere Vorteile: die Druck- und Schubspannungen verteilen sich über die wagerechten und lotrechten Ebenen nach einfachen geradlinigen Gesetzen, so daß man die Spannungen für jeden Punkt des Mauerwerks mit Sicherheit beurteilen kann, und die Bestimmung der erforderlichen Abmessungen des Profils ist trotz der wechselnden Querschnitte eine verhältnismäßig leichte und wenig Zeit erfordernde Aufgabe.

Die weitere Behandlung wird am besten an einem Beispiel gezeigt. Wir suchen den Querschnitt einer Staumauer mit einem Raumgewicht $\gamma = 2{,}4$ von 70 m größter Höhe, deren Schubspannung τ_x 7 kg/qcm, deren Druckspannung σ_x 14 kg/qcm an keinem Punkt überschreiten soll. Es werde ferner angenommen, daß bis zur luftseitigen Kerngrenze $^3/_{10}$ der Fugenfläche von vollem Unterdruck betroffen werden; bei dieser Beanspruchung sollen keine Zugspannungen im Mauerwerk auftreten.

Aus dem Verhältnis $\frac{\sigma_x}{\tau_x} = \frac{14{,}0}{7{,}0} = 2$ folgt $\operatorname{tg} \varphi = 2$. Damit ist die Neigung der Luftseite der Mauer gegeben. Es ist $\frac{h}{(1 - n) \cdot b} = 2$ eine der Bedingungsgleichungen für die Bestimmung der Dreieckquerschnitte.

Für das Dreieck mit Unterdruck ohne Zugspannungen gilt ferner:

$$b = \frac{h}{\sqrt{\gamma \cdot (1 - n) + n \cdot (2 - n) - \frac{4}{3}\, m}}$$

m ist nach den oben mitgeteilten Voraussetzungen = 0,3 zu setzen. Aus den beiden Beziehungen folgt:

$$b = \frac{h}{2 \cdot (1 - n)} = \frac{h}{\sqrt{\gamma \cdot (1 - n) + n \cdot (2 - n) - \frac{4}{3} m}}$$

$$n = 0{,}339$$

$$b = \frac{70}{2 \cdot (1 - n)} = 53{,}00 \text{ m}$$

Damit ist das Grunddreieck für den oberen Mauerteil festgelegt (Abb. 32).

An der Luftseite der Fundamentfuge ist die zulässige Druckspannung von 14 kg/qcm innezuhalten, womit gleichzeitig die Bedingung der Innehaltung der zulässigen Schubspannung erfüllt wird.

$$\sigma_x' = \frac{h^3}{b^2} + h \cdot n \cdot (\gamma + n - 1)$$

$$\sigma_x' = 140 \text{ t/qm} = 2\,h$$

$$2 = \frac{h^2}{b^2} + n \cdot (\gamma + n - 1)$$

Ferner ist:

$$b = \frac{h}{2 \cdot (1 - n)}$$

Aus der Verbindung beider Gleichungen erhält man b = 66,30 m.

Für h = 65 m ist σ_x = 140 t/qm = 2,154 h. Man erhält in gleicher Weise b = 54,50 m. Für h = 60 m ist b = 45,50 m, für h = 55 m wird b = 38,20 m.

Bei leerem Becken wird die zulässige Kantenpressung von 14 kg/qcm wegen der starken Neigung der wasserseitigen Wand nicht erreicht.

Die Verbindung der Endpunkte der berechneten Sohlenbreiten der Dreiecke bildet eine Kurve, aus der sich die Zwischenwerte der Sohlenbreiten ergeben. Sie wird von der Begrenzung des Grunddreiecks des oberen Mauerteils in rund 59,25 m Höhe geschnitten. Die wasserseitige Begrenzung der Mauer bildet im Bereich der Höhen zwischen 59,25 und 70 m eine windschiefe Fläche. Damit ist die Berechnung der Grunddreiecke mit den verlangten Eigenschaften abgeschlossen.

Zum Vergleich sind noch zwei andere Begrenzungslinien des Grunddreiecks für den oberen Mauerteil eingezeichnet. Die eine ergibt sich, wenn man die Annahme macht, daß kein Unterdruck vorhanden ist, aus den Beziehungen:

$$b = \frac{h}{\sqrt{\gamma \cdot (1 - n) + n \cdot (2 - n)}}$$

$$b = \frac{h}{2 \cdot (1 - n)}$$

$$b = 46{,}90 \text{ m für } h = 70 \text{ m.}$$

Bei diesem Dreieck wird die lotrechte Kantenpressung von 14 kg/qcm schon im Abstande von 52,50 m von der Mauerkrone überschritten.

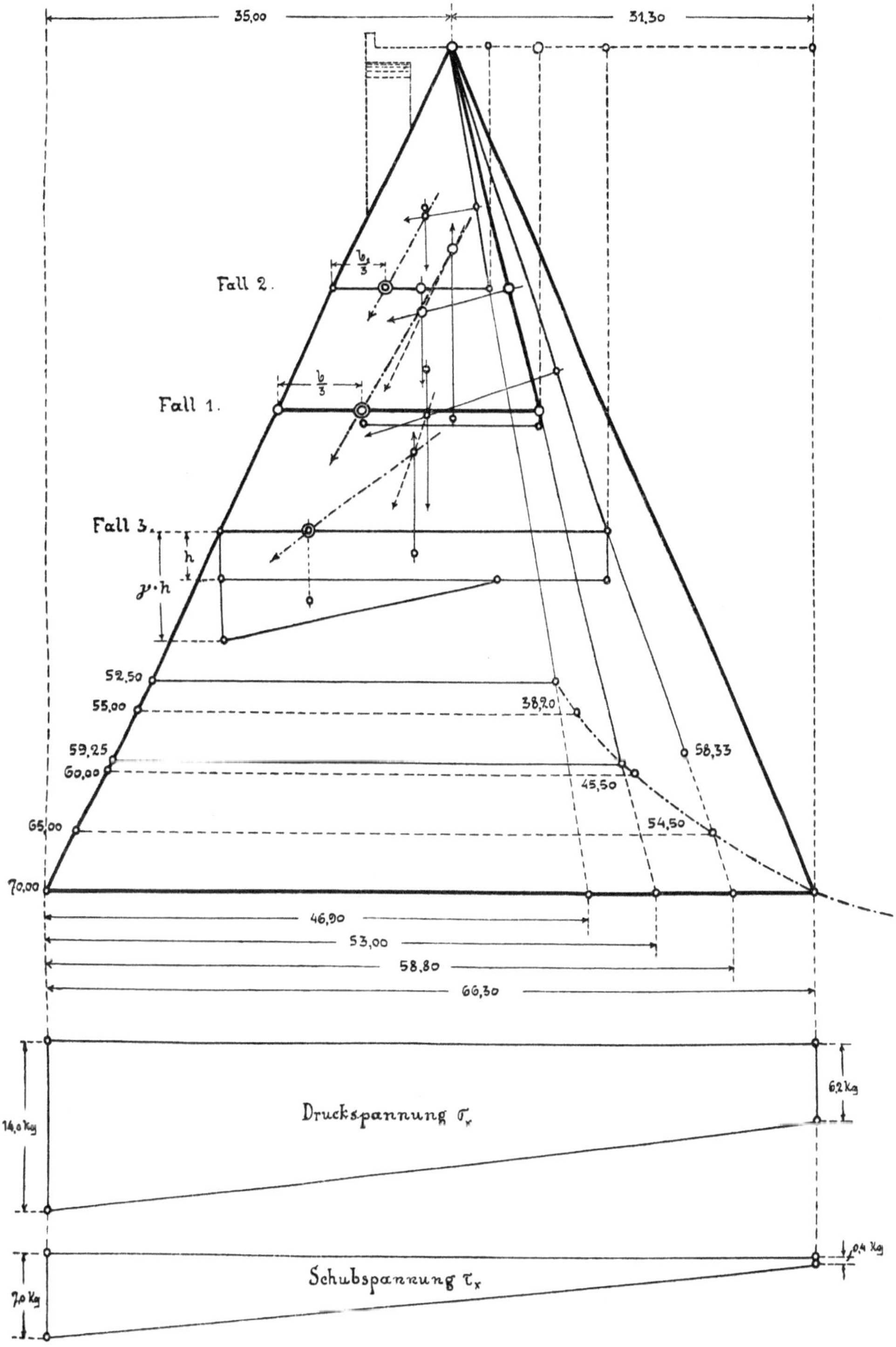

35,00
31,30
Fall 2.
$\frac{b_1}{3}$
Fall 1.
$\frac{b}{3}$
Fall 3.
h
$\nu \cdot h$
52,50
55,00
38,20
59,25
60,00
58,33
45,50
65,00
54,50
70,00
46,90
53,00
58,80
66,30
Druckspannung σ_x
14,0 Kg
6,2 Kg
Schubspannung τ_x
7,0 Kg
0,4 Kg

Abb. 32.

Die andere Grenzlinie ist unter der Annahme des vollen Unterdrucks berechnet, also aus den beiden Beziehungen:

$$b = h \cdot \sqrt{\frac{(\gamma - 1)}{(\gamma - 1) \cdot [\gamma \cdot (2 - n) + n \cdot (3 - n) - 3] - (\gamma + n - 2)^2}}$$

$$b = \frac{h}{2 \cdot (1 - n)}$$

$b = 58{,}80$ m für $h = 70$ m.

Das Grunddreieck mit vollem Unterdruck war so berechnet, daß es an der Luftseite die Spannung $\sigma_x' = \gamma \cdot h$ erfährt; es ist also nur bis zur Höhe $\frac{140}{\gamma} = 58{,}33$ m zulässig. Die Breiten des tiefer liegenden Abschnitts der Mauer müßten bei Wahl dieses Grunddreiecks in der auf S. 39 angegebenen Weise besonders ermittelt werden, indem man statt γ in 29) die Zahl $\frac{\sigma_x}{h} = \frac{140}{h}$ einsetzt. In Abb. 32 ist die für diesen Fall erforderliche Verbreiterung des unteren Mauerkörpers nicht eingezeichnet.

Durch Anfügen der Mauerkrone an das berechnete Grunddreieck erhält man einen Querschnitt, der für die Ausführung geeignet ist. Man wird bei hohen Mauern die Bekrönung recht leicht halten und im Fall der Notwendigkeit einer größeren Kronenbreite eine Konstruktion aus Pfeilern und Gewölben anordnen (Abb. 10). Die Bekrönung vermehrt die Druckspannungen in der Fundamentfuge, wodurch eine Berichtigung der Abmessungen des Grunddreiecks erforderlich wird. Wenn beispielsweise für die oben betrachtete Staumauer die Kantenpressung sich in 70 m Tiefe zu 14,2 kg/qcm, in 65 m Tiefe wegen der geringeren Sohlenbreite etwas größer zu 14,3 kg/qcm und in 60 m Tiefe zu 14,4 kg/qcm ergeben würde, so ist die Berechnung der Mauerstärke b für den unteren Mauerkörper, soweit dessen Abmessungen durch die Rücksicht auf die zulässige Kantenpressung von 14 kg/qcm bestimmt werden, zu wiederholen, und zwar für Fuge 70 mit 13,8, für Fuge 65 mit 13,7 und Fuge 60 mit 13,6 kg/qcm zulässiger Kantenpressung. Man hält dann auch in dem zur Ausführung kommenden Querschnitt die als zulässig betrachtete Spannung so gut wie völlig genau inne.

Die Abb. 32 zeigt, daß die Linie für den Fußpunkt der wasserseitigen Mauerbegrenzung bei wachsender Höhe schnell sehr flach wird. Es ist schon nicht mehr möglich, mit den angenommenen Grenzen der Beanspruchung für Druck und Schub eine Staumauer von 75 m Höhe zu entwerfen; die praktische Grenze liegt bei 71—72 m. Wollte man also eine Staumauer von 80 m Höhe erbauen, so müßte man sich entweder mit höheren Beanspruchungen des Bruchsteinmauerwerks abfinden, oder Eiseneinlagen anordnen, oder zu einem leichteren

Baumaterial greifen. Für ganz hohe Mauern ist der leichtere Beton das geeignetere Material. Man sollte ihn aber, wenn man von Eiseneinlagen absieht, mit Rücksicht auf die Schubspannungen nicht in horizontalen Lagen stampfen, sondern das Bauwerk aus großen Betonquadern mit schräger Sohle zusammensetzen, die auf der Mauer selbst an Ort und Stelle zu stampfen, im Verbande anzuordnen und womöglich auch noch ineinanderzufalzen wären.

Als zweites Beispiel bestimmen wir mit den gleichen Annahmen für den Unterdruck (m = 0,3) einen Staumauerquerschnitt von 40 m Höhe, bei dem σ_x mit Rücksicht auf die Beschaffenheit des Untergrundes nicht größer als 8 kg/qcm = 80 t/qm werden soll.

Zunächst ist aus 13) die Neigung der Wasserseite zu bestimmen:

$$\sigma_x'' = \gamma \cdot h \cdot (1 - n) = 80.$$

Es ergibt sich n = 0,167.

Wir berechnen hierauf die Breite, die erforderlich ist, damit bei Auftreten von Unterdruck keine Zugspannungen entstehen.

$$b = \frac{h}{\sqrt{\gamma \cdot (1 - n) + n \cdot (2 - n) - \frac{4}{3} m}}$$

$$b = 0{,}725\, h = 29{,}00 \text{ m}$$

Dann ergibt sich aus 14):

$$\sigma_x' = \frac{h^3}{b^2} + h \cdot n \cdot (\gamma + n - 1) = 8{,}66 \text{ kg/qcm}$$

d · h · b = 29,0 m genügt nicht; die Rücksicht auf die zulässige Kantenpressung σ_x wird für die Abmessungen des unteren Mauerkörpers maßgebend.

$$\frac{h^3}{b^2} + h \cdot n \cdot (\gamma + n - 1) = 80 = 2\, h$$

$$\frac{h^2}{b^2} + n \cdot (\gamma + n - 1) = 2$$

$$b = \frac{h}{\sqrt{2 - n \cdot (\gamma + n - 1)}}$$

$$b = 30{,}40 \text{ m}$$

Mit h, n und b ist nunmehr das Grunddreieck des 40 m hohen Profils bestimmt. Es wird durch Anfügen der Mauerbekrönung zu einem Staumauerquerschnitt ergänzt, worauf man in der auf S. 27 angegebenen Weise zunächst den Einfluß der Bekrönung auf die Druckspannungen in der Fundamentfuge feststellt und darnach die Abmessungen des Grunddreiecks durch eine zweite Berechnung berichtigt. Die Schubspannungen bleiben unter der zulässigen Grenze und spielen bei der Bestimmung der Querschnittabmessungen keine Rolle.

Wenn man ein Staumauerprofil mit Hilfe der Grunddreiecke bestimmt hat, so empfiehlt es sich, ein bis zwei charakteristische Querschnitte noch in üblicher Weise zeichnerisch zu untersuchen. Man nimmt bei dieser Berechnung den Wasserstand für den Wasserdruck, mit Rücksicht auf Wellenschlag wie immer bis zur Mauerkrone reichend; den Wasserstand für die Ermittelung des Unterdrucks braucht man bei der endgültigen Ermittelung der Spannungen im allgemeinen nur bis zur höchsten Überlaufhöhe des Seespiegels ansteigend vorauszusetzen, da Wellenschlag im Staubecken den Unterdruck wohl nicht beeinflussen wird und eine nennenswerte Verstopfung der Überläufe, durch die der Wasserstand im Becken ansteigen und demnach auch der Unterdruck anwachsen würde, in der Praxis noch nicht beobachtet worden ist. Als Raumgewichte sind mit Rücksicht auf die ungünstigen Annahmen für den Unterdruck die wahrscheinlichen Werte einzusetzen; auch kann die Verblendung an der Wasserseite, die durch eine Putzfuge von der Mauer getrennt ist, als einheitlich mit der Mauer wirkend angenommen werden, wenn sie durch Falze fest und unverrückbar mit dem Mauerkörper verbunden ist (Abb. 9).

Unter diesen Annahmen ermittelt man die Stützlinie und die Spannungen unter Wirkung des Wasserdrucks, des Unterdrucks, und falls vorhanden, des Erddrucks, ebenso bei leerem Becken unter Wirkung des Mauergewichts allein. Außerdem ist die Stützlinie bei vollem Becken ohne Unterdruck einzuzeichnen, unter Umständen mit geringerem Mauer- und höherem Erdgewicht und unter der ungünstigeren Annahme, daß die Verblendung an der Wasserseite nicht vorhanden ist; ferner sind die Schub- und Druckspannungen der wagerechten Ebenen, sowie die Hauptspannungen für diesen Fall zu ermitteln. Die Druck- und Schubspannungen in den lotrechten Ebenen treten gegenüber denen in den wagerechten Ebenen und den Hauptspannungen an Bedeutung zurück. Die Drucklinie der lotrechten Ebenen ist insofern von Interesse, als sie zeigt, daß auch in den lotrechten Ebenen keine Zugspannungen vorkommen; sie kann nach der in Abschnitt 16 angegebenen Rechnungsweise eingezeichnet werden.

---

20. Die aufgelöste Bauweise.

Auf S. 13 war nachgewiesen, daß die Standfestigkeit eines rechtwinkligen Dreiecks mit 1:1 geneigter Wasserseite vom Raumgewicht des Mauerwerks unabhängig ist, so daß es als die Grundform der aufgelösten Bauweise für Wehre und Staumauern zu betrachten ist (vgl. Abb. 6). Das genannte Dreieck erfährt aber erhebliche Schubspannungen, und zwar sind diese am größten an der Wasserseite, wo sie bei dem vollen, nicht aufgelösten Dreieck nach S. 42 und Abb. 25, II den Wert h erreichen. Wollte man also ein aufgelöstes Profil mit rechtwinkligen, 1 : 1 geneigten Pfeilern und leichten Eisenbetonkappen verwenden, in dem etwa die Gewölbe die dreifache Breite der Pfeiler hätten, letztere also $^1/_4$ der Sohlenfläche des Bauwerks einnähmen, so würde die größte Schubspannung an der Wasserseite der Fundamentebene des Pfeilers 4 h betragen und sehr schnell die zulässige Grenze erreichen.

Man kann dem abhelfen, indem man die Pfeiler nach der Luftseite verbreitert, und zwar am besten so weit, daß die Schlußkraft

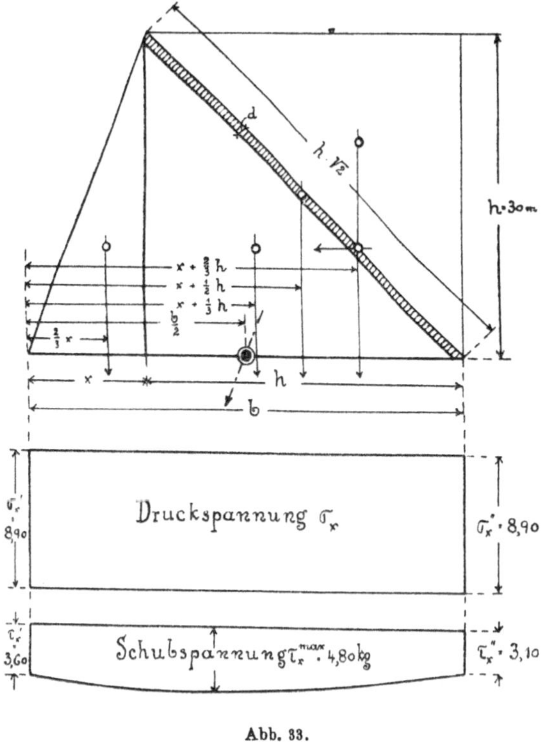

Abb. 33.

des ganzen Systems gerade die Mitte der Fundamentfuge der Pfeiler trifft. Die erforderliche Verbreiterung x wird leicht aus der Bedingung gefunden, daß nach 1) $\frac{\Sigma M}{\Sigma V} = \frac{b}{2} = \frac{h + x}{2}$ sein muß, am einfachsten durch Versuchsrechnung (Abb. 33).

Es sei beispielsweise der Anteil der Pfeiler an der Sohlenfläche des Bauwerks $^1/_4$, der der Gewölbe also $^3/_4$, dann gilt die Momentengleichung:

$$\frac{b}{2} = \frac{h+x}{2}$$

$$= \frac{\frac{\gamma}{4} \cdot \frac{x \cdot h}{2} \cdot {}^{2}/_{3}\, x + \frac{\gamma}{4} \cdot \frac{h^2}{2} \cdot \left(x + \frac{h}{3}\right) + \gamma \cdot d \cdot h \sqrt{2}\left(x + \frac{h}{2}\right) + \frac{h^2}{2} \cdot (x + {}^{2}/_{3}\, h) - \frac{h^3}{6}}{\frac{\gamma}{4} \cdot \frac{x+h}{2} \cdot h + \gamma \cdot d \cdot h \cdot \sqrt{2} + \frac{h^2}{2}}$$

Für $h = 30$ m, $d = 1$ m und $\gamma = 2{,}4$ wird $x =$ rd. 12 m, $h + x = b$ $= 42$ m.

Die Druckspannung in der Sohle des Pfeilers ist gleichmäßig verteilt und beträgt rd. 8,90 kg/qcm. Die Schubspannung an der Luftseite ist nach 39):

$$\tau_x' = \frac{\sigma_x'}{\operatorname{tg} \varphi} = \frac{8{,}90 \cdot 12{,}00}{30} = \text{rd. } 3{,}60 \text{ kg/qcm},$$

an der Wasserseite nach 40), unter Berücksichtigung des Umstandes, daß der Wasserdruck bei dem gewählten Verhältnis von Pfeilern und Gewölben mit 4 h einzusetzen ist:

$$\tau_x'' = \frac{4\,h - \sigma_x''}{\operatorname{tg} \psi} = \frac{120 - 89{,}0}{1} = 31 \text{ t/qm} = 3{,}10 \text{ kg/qcm}.$$

Die mittlere Schubspannung ergibt sich aus der Gleichung der wagerechten Kräfte zu $\tau_m = \frac{4 \cdot h^2}{2\,b} =$ rd. 4,30 kg/qcm. Nach den vorstehenden Angaben kann die Darstellung der Schubspannungen annähernd gezeichnet werden. Sie ist in diesem Fall eine gekrümmte Fläche, die Schubspannung wird nahe der Mitte der Fundamentfläche des Pfeilers am größten und steigt hier bis etwa 4,80 kg/qcm.

Wenn man $\tau_x = 7$ kg/qcm wie früher als zulässige höchste Schubspannung der wagerechten Ebenen annimmt, so ist die aufgelöste Bauweise mit $^1/_4$ Pfeiler- und $^3/_4$ Gewölbebreite etwa bis zur Höhe von $\frac{7{,}00}{4{,}80} \cdot 30 =$ rd. 44 m zulässig. In diesem Bereich ist sie vorteilhaft, weil sie mit großer Standsicherheit eine erhebliche Materialersparnis verbindet. Die Massen des Bauwerks werden sowohl hinsichtlich der Druck- als auch der Schubspannungen sehr gleichmäßig beansprucht und vollkommen ausgenutzt.

Die Vorzüge der aufgelösten Bauweise für kleine und mittlere Stauhöhen werden am besten aus einer Gegenüberstellung der maßgebenden Zahlen für eine Staumauer von 30 m Höhe in massiver Bauweise, deren geringste Sohlenbreite bei rechtwinkliger Wasserseite nach 7) $\frac{h}{\sqrt{\gamma}}$ beträgt, und der oben als Beispiel gewählten Konstruktion aus Pfeilern und Gewölben von 30 m Höhe ersehen. Es ist:

Für die aufgelöste Bauweise von 30 m Höhe und 42 m Pfeilerbreite, wenn die Pfeilerfläche $1/4$ d. Grundfläche des Bauwerks beträgt:	Für die massive Mauer von 30 m Höhe und einer Sohlenbreite $b = \frac{h}{\sqrt{\gamma}}$:
Standfestigkeitsziffer $\frac{\Sigma M_V}{\Sigma M_H} = 5{,}32$	desgl. $= 2{,}00$ (S. 12)
Kantenpressung $\sigma_x' = 8{,}90$ kg/qcm	„ $\gamma \cdot h = 7{,}20$ kg/qcm
$\sigma_x'' = 8{,}90$ „	„ $= 0$ „
Schubspannung τ_x max. $= 4{,}80$ kg/qcm	„ $\frac{7{,}20 \cdot \frac{h}{\sqrt{\gamma}}}{h} = 4{,}65$ kg/qcm
Materialbedarf für den laufenden m:	
Pfeiler $1/4 \cdot \frac{42 \cdot 30}{2} = 157{,}5$ cbm	$1/2 \cdot \frac{h}{\sqrt{\gamma}} \cdot h = \frac{h^2}{2 \cdot \sqrt{\gamma}} = 290$ cbm
Gewölbe $42{,}50 \cdot 1 = 42{,}5$ „	
200,0 cbm	

Das massive Profil würde bei Auftreten des vollen Unterdrucks nicht mehr standsicher sein, das aufgelöste wird durch den vollen Unterdruck, der ebenso wie die Resultierende der übrigen Kräfte in der Pfeilermitte angreifen würde, wenig beeinflußt; die Druckspannung würde sich um die Druckhöhe h des Unterdrucks ermäßigen, im übrigen bliebe die Standsicherheit vollkommen gewahrt. Ein weiterer Vorzug der aufgelösten Bauweise ist die Möglichkeit, das Bauwerk in verschiedenen Abschnitten herzustellen, wodurch die Wasserhaltung während der Bauzeit vereinfacht und unter Umständen eine Ableitung des aufzustauenden Wasserlaufs durch Stollen u. dgl. erspart wird. Die Entnahme- und Entlastungsvorrichtungen, deren Anordnung bei den massiven Staumauern zur Absperrung größerer Flüsse erhebliche Schwierigkeiten bietet, lassen sich zwischen den Pfeilern des aufgelösten Bauwerks in beliebiger Zahl und Größe unterbringen. Die Materialersparnis wird allerdings z. T. dadurch aufgehoben, daß die Konstruktionsteile der aufgelösten Bauweise, Pfeiler und Gewölbe, im Einheitspreis teurer sind als die Massen der massiven Staumauer. Trotzdem ist es zu empfehlen, bei Aufstellung der Entwürfe von Wehren und Staumauern mit kleinen und mittleren Stauhöhen die aufgelöste Bauweise mehr zu berücksichtigen, als dies bisher geschehen ist.

Die Eisenkonstruktionen. Ein Lehrbuch für bau- und maschinentechnische Fachschulen, zum Selbststudium und zum praktischen Gebrauch. Nebst einem Anhang, enthaltend Zahlentafeln für das Berechnen und Entwerfen eiserner Bauwerke. Von L. Geusen, Dipl.-Ing. und Kgl. Oberlehrer in Dortmund. Mit 518 Figuren im Text und auf 2 zweifarbigen Tafeln.

In Leinwand gebunden Preis M. 12,—.

Die Berechnung von Steifrahmen nebst anderen statisch unbestimmten Systemen. Von Ingenieur E. Björnstad in Grünberg i. Schl. Mit 127 Textfiguren, 19 Tabellen und einer graphischen Anlage.

Preis M. 9,—, in Leinwand gebunden M. 10,—.

Widerstandsmomente, Trägheitsmomente und Gewichte von Blechträgern nebst numerisch geordneter Zusammenstellung der Widerstandsmomente von 59 bis 25622. Bearbeitet von B. Böhm, Königl. Regierungsbaumeister in Bromberg, und E. John, Königl. Regierungsbaumeister in Köln a. Rh. In Leinwand gebunden Preis M. 7,—.

Neue Methoden der Berechnung ebener und räumlicher Fachwerke. Von Dr.-Ing. Dr. phil. Heinz Egerer, Diplom-Ingenieur. Mit 65 Textfiguren. Preis M. 2,40.

Anleitung zur statischen Berechnung von Eisenkonstruktionen im Hochbau. Von H. Schloesser, Ingenieur. Mit 160 Textabbildungen, einer Beilage und einem Bauplan. Dritte, verbesserte Auflage, bearbeitet und herausgegeben von W. Will, Ingenieur.

In Leinwand gebunden Preis M. 7,—.

Elastizität und Festigkeit. Die für die Technik wichtigsten Sätze und deren erfahrungsmäßige Grundlage. Von Dr.-Ing. C. Bach, Königl. Württ. Baudirektor, Prof. des Maschinen-Ingenieurwesens an der Königl. Techn. Hochschule Stuttgart. Fünfte, vermehrte Auflage. Mit zahlreichen Textfiguren und 20 Lichtdrucktafeln. In Leinwand gebunden Preis M. 18,—.

Einführung in die Festigkeitslehre nebst Aufgaben aus dem Maschinenbau und der Baukonstruktion. Ein Lehrbuch für Maschinenbauschulen und andere technische Lehranstalten sowie zum Selbstunterricht und für die Praxis. Von Ernst Wehnert, Ingenieur und Lehrer an der Städt. Gewerbe- und Maschinenbauschule in Leipzig. Mit 231 Textfiguren.

In Leinwand gebunden Preis M. 6,—.

Zusammengesetzte Festigkeitslehre nebst Aufgaben aus dem Gebiete des Maschinenbaues und der Baukonstruktion. Ein Lehrbuch für Maschinenbauschulen und andere technische Lehranstalten sowie zum Selbstunterricht und für die Praxis. Von Ernst Wehnert, Ingenieur und Lehrer an der Städt. Gewerbe- und Maschinenbauschule in Leipzig. Mit 142 Textfiguren.

In Leinwand gebunden Preis M. 7,—.

Zu beziehen durch jede Buchhandlung.

Verlag von Julius Springer in Berlin.

Die Kaiser-Wilhelm-Brücke über die Wupper bei Müngsten im Zuge der Eisenbahnlinie Solingen—Remscheid. Bearbeitet von W. Dietz, Professor an der Königl. Techn. Hochschule in München. Mit 194 Textfiguren und 48 lithographierten Tafeln. Zwei Bände (Text und Tafeln).
In Leinwand gebunden Preis M. 50,—.

Berechnung der Einsenkung von Eisenbetonplatten und Plattenbalken. Von Dr.-Ing. Karl Heintel, Regierungsbaumeister. Mit 37 Figuren.
Preis M. 2,60.

Einfluß der Armatur und der Risse im Beton auf die Tragsicherheit. Ergebnisse aus den Untersuchungen der Abteilung 1 für Metallprüfung mit armierten Betonbalken. Bearbeitet und besprochen von Dr.-Ing. E. Probst, Zivilingenieur. Mit 77 Textabbildungen und 9 Tafeln. (Ergänzungsheft I, 1907 der Mitteilungen aus dem Königl. Materialprüfungsamt zu Groß-Lichterfelde West. Herausgegeben im Auftrage der Königl. Aufsichtskommission.)
Preis M. 15,—.

Tabellen für die Berechnung von Eisenbetonkonstruktionen. Von G. Funke, Ingenieur in Leipzig. (Diese Tabellen entsprechen den ministeriellen Bestimmungen vom 24. Mai 1907 und den Leitsätzen des Deutschen Beton-Vereins.)
Preis M. —,60.

Die Eisenbetonkuppel der Friedrichstraßenpassage in Berlin. Von Siegmund Müller, Professor an der Technischen Hochschule zu Berlin. Mit 27 Textfiguren.
Preis M. —,80.

Armierter Beton.

Monatsschrift für Theorie und Praxis des gesamten Betonbaues.

In Verbindung mit Fachleuten herausgegeben

von

Dr.-Ing. E. Probst, Ingenieur in Berlin.

und

M. Foerster, ord. Professor a. d. Techn. Hochschule zu Dresden.

Monatlich erscheint ein Heft von 32 bis 40 Seiten.

Preis des Jahrgangs M. 10,—.

Den Inhalt dieser Monatsschrift bilden: Rundschauartige Berichte über wichtige Versuche, über neue Ergebnisse der Theorie, über amtliche Vorschriften, Ergebnisse wissenschaftlicher Untersuchungen, Originalberichte über interessante Ausführungen aus der Praxis des In- und Auslandes. In gedrängter, übersichtlicher Form soll alles, was zum weiteren Ausbau der neuen Bauweise beitragen kann, zur Kenntnis der Fachgenossen gebracht werden.

Probehefte stehen jederzeit unberechnet zur Verfügung.

Zu beziehen durch jede Buchhandlung.